建筑工程造价管理与项目组织管理

张智妍　欧阳俊　黄海强　主编

图书在版编目（CIP）数据

建筑工程造价管理与项目组织管理 / 张智妍，欧阳俊，黄海强主编. -- 哈尔滨 : 哈尔滨出版社，2023.1

ISBN 978-7-5484-6604-8

Ⅰ. ①建… Ⅱ. ①张… ②欧… ③黄… Ⅲ. ①建筑造价管理－研究②建筑工程－工程项目管理－研究 Ⅳ. ① TU723.3 ② TU712.1

中国版本图书馆 CIP 数据核字 (2022) 第 120436 号

书　　名：建筑工程造价管理与项目组织管理
JIANZHU GONGCHENG ZAOJIA GUANLI YU XIANGMU ZUZHI GUANLI

作　　者：张智妍　欧阳俊　黄海强　主编
责任编辑：张艳鑫
封面设计：张　华

出版发行：哈尔滨出版社 (Harbin Publishing House)
社　　址：哈尔滨市香坊区泰山路 82-9 号　邮编：150090
经　　销：全国新华书店
印　　刷：河北创联印刷有限公司
网　　址：www.hrbcbs.com
E - mail：hrbcbs@yeah.net
编辑版权热线：（0451）87900271　87900272

开　　本：787mm×1092mm　1/16　印张：11.5　字数：260 千字
版　　次：2023 年 1 月第 1 版
印　　次：2023 年 1 月第 1 次印刷
书　　号：ISBN 978-7-5484-6604-8
定　　价：68.00 元

服务热线：（0451）87900279

前　言

建筑工程的工程造价管理是贯穿于工程始末的，工程造价管理的科学性和合理性会对项目工程的经济效益产生直接的影响，所以在工程建设中，工程造价的科学确定和有效控制是非常重要的。造价管理是建筑工程管理中的重要组成部分，工程造价在进行实施的过程中会出现一些不可知的问题，要想避免这些问题的发生，如果仅是对投入的资金进行控制，很难将这些问题解决的。最为主要的就是要对造价进行管理，进行详细全面的计划设计。在建筑行业不断发展的同时，在实际的建筑工程管理中依然存在许多问题需要解决，使工程本身的造价成本也不断地加大。所以加强企业造价管理，规范管理制度是我们现在要做的重点。

随着经济的发展、社会的进步，人们对建筑的需求越来越多，并且建筑的高度也在不断增加，速度成为建筑企业发展的前提，建筑质量成为企业发展的根基。在建筑施工中如何保障质量已经成为建筑企业重点研究的课题。为了保障建筑质量，在建筑的施工过程中，要科学合理地进行项目组织规划，实现对施工过程更好的管理，从而提高建筑速度，保障建筑质量，增加企业竞争力。

建筑施工数量不断增多，如何保证建筑施工质量已经成施工人员需要研究的主要问题之一，建筑施工组织在建筑施工中具有重要作用，其对于保证建筑质量意义重大。所以在建筑的施工中，保障建筑施工组织的科学合理性，就可以更好地保证施工质量，确保企业竞争力，提高企业信誉度，更好地保障企业经济效益和人们安全。

编委会

Contents

目录

第一章　工程造价概论

第一节　建设项目及计价程序

一、建设项目

1. 建设项目的概念

建设项目是指具有设计任务书和总体设计，经济上实行独立核算，行政上具有独立组织形式，按一个总体设计进行建设施工的一个或几个单项工程的总体。在我国，通常是以一座工厂、联合性企业或一所学校医院、商场等为一个建设项目。凡属于一个总体设计中分期分批进行建设的主体工程和附属配套工程、综合利用工程、供水供电工程，都作为一个建设项目。不能把不属于一个总体设计，按各种方式结算作为一个建设项目；也不能把同一个总体设计内的工程，按地区或施工单位分为几个建设项目。

2. 建设工程项目分类

建设工程项目的分类有多种形式，为了适应科学管理的需要，可以从不同的角度进行分类。

（1）按建设工程性质分类

工程项目可分为新建项目、扩建项目、改建项目、迁建项目和恢复项目。

1）新建项目。新建项目是指根据国民经济和社会发展的近远期规划，按照规定的程序立项，从无到有新建的投资建设工程项目，或对原有项目重新进行总体设计，扩大建设规模后，其新增固定资产价值超过原有固定资产价值三倍以上的建设项目。

2）扩建项目。扩建项目是指现有企事业单位在原有场地内或其他地点，为扩大原有主要产品的生产能力或增加经济效益而增建的生产车间、独立的生产线或分厂的项目；事业和行政单位在原有业务系统的基础上扩充规模而进行的新增固定资产投资项目。

3）改建项目。改建项目是指原有企业为了提高生产效益，改进产品质量或调整产品结构，对原有设备或工程进行改造的项目，包括挖潜、节能、安全、环境保护等工程项目。有的企业为了平衡生产能力，需增建一些附属、辅助车间或非生产性工程，这些也可列为改建项目。

4）迁建项目。迁建项目是指原有企事业单位根据自身生产经营和事业发展的要求，按照国家调整生产力布局的经济发展战略的需要或出于环境保护等其他特殊要求搬迁到异地，不论其规模是维持原规模还是扩大建设的项目，均属迁建项目。

5）恢复项目。恢复项目是指原有企事业和行政单位，因在自然灾害或战争中使原有固定资产遭受全部或部分报废，需要进行投资重建来恢复生产能力和业务工作条件、生活福利设施等的工程项目。这类项目，不论是按原有规模恢复建设，还是在恢复过程中同时进行扩建，都属于恢复项目。但对尚未建成投产或交付使用的项目，受到破坏后，若仍按原设计重建的，原建设性质不变；如果按新设计重建，则根据新设计内容来确定其性质。工程项目按其性质分为上述五类，一个工程项目只能有一种性质，在项目按总体设计全部建成以前，其建设性质是始终不变的。

（2）按建设工程规模分类

为适应对工程项目分级管理的需要，国家规定基本建设项目分为大型、中型、小型三类；更新改造项目分为限额以上和限额以下两类。不同等级标准的工程项目，国家规定的审批机关和报建程序也不尽相同。划分项目等级的原则如下：

1）按批准的可行性研究报告初步设计所确定的总设计能力或投资总额的大小，依据国家颁布的《基本建设项目大中小型划分标准》进行分类。

2）凡生产单一产品的项目，一般以产品的设计生产能力划分；生产多种产品的项目，一般按其主要产品的设计生产能力划分；产品分类较多，不易分清主次、难以按产品的设计能力划分时，可按投资总额划分。

3）对国民经济和社会发展具有特殊意义的某些项目，虽然设计能力或全部投资不够大，中型项目标准经国家批准已列入大中型计划或国家重点建设工程的项目，也按大中型项目管理。

4）更新改造项目一般只按投资额分为限额以上和限额以下项目，不再按生产能力或其他标准划分。

5）基本建设项目的大、中、小型和更新改造项目限额的具体划分标准，根据各个时期经济发展和实际工作中的需要而有所变化。现行国家的有关规定如下：

①按投资额划分的基本建设项目，属于生产性工程项目中的能源、交通、原材料部门的工程项目，投资额达到5000万元以上为大中型项目：其他部门和非工业项目，投资额达到3000万元以上为大中型项目。

②按生产能力或使用效益划分的工程项目，以国家对各行各业的具体规定为标准。

③更新改造项目只按投资额标准划分，能源、交通、原材料部门投资额达到5000万元及其以上的工程项目和其他部门投资额达3 000万元及其以上的项目为限额以上项目，否则为限额以下项目。

6）工业项目按设计生产能力规模或总投资，确定大、中、小型项目。非工业项目可分为大中型和小型两种，均按项目的经济效益和总投资额划分。

（3）按投资作用划分

工程项目可分为生产性工程项目和非生产性工程项目。

1）生产性工程项目。生产性工程项目是指直接用于物质资料生产或直接为物质资料生产服务的工程项目，如工业工程项目、农业建设项目、基础设施建设项目、商业建设项目等，即用于物质产品生产建设的工程项目。

2）非生产性工程项目。非生产性工程项目是指用于满足人民物质和文化、福利需要的建设和非物质资料生产部门的建设项目，主要包括办公用房、居住建筑、公共建筑等建设项目。

（4）按项目的效益和市场需求划分

工程项目可划分为竞争性项目、基础性项目和公益性项目三种。

1）竞争性项目。竞争性项目主要是指投资效益比较高，竞争性比较强的工程项目。其投资主体一般为企业，由企业自主决策、自担投资风险。

2）基础性项目。基础性项目主要是指具有自然垄断性、建设周期长、投资额大而收益低的基础设施和需要政府重点扶持的一部分基础工业项目，以及直接增强国力的符合经济规模的支柱产业项目。政府应集中必要的财力、物力通过经济实体投资，同时，还应广泛吸收企业参与投资，有时还可吸收外商直接投资。

3）公益性项目。公益性项目主要包括科技、文教、卫生、体育和环保等设施、公、检，法等政权机关以及政府机关、社会团体办公设施、国防建设等。公益性项目的投资主要由政府用财政资金安排。

（5）按项目的投资来源划分

工程项目可划分为政府投资项目和非政府投资项目。

1）政府投资项目。政府投资项目在国外也称公共工程，是指为了适应和推动国民经济或区域经济的发展，满足社会的文化、生活需要，以及出于政治、国防等因素的考虑，由政府通过财政投资、发行国债或地方财政债券、利用外国政府赠款及国家财政担保的国内外金融组织的贷款等方式独资或合资兴建的工程项目。

2）非政府投资项目。非政府投资项目是指企业、集体单位、外商和私人投资兴建的工程项目。这类项目一般均实行项目法人责任制，使项目的建设与建成后的运营实现一条龙管理。

3. 建设项目的构成

为了对基本建设项目实行统一管理和分级管理，工程项目可分为单项工程、单位工程、分部工程和分项工程。

（1）单项工程。单项工程是指在一个工程项目中，具有独立的设计文件，竣工后可以独立发挥效益或生产能力的一组配套齐全的工程项目。一个建设项目可以包括若干个单项工程，例如一所新建大学的建设项目，其中的每栋教学楼、学生宿舍、食堂、办公大楼等工程都是单项工程。有些比较简单的建设项目本身就是一个单项工程，例如只有一个车间的小型工厂、一座桥梁等。一个建设项目在全部建成投入使用以前，往往陆续建成若干个单项工程，所以单项工程是考核投产计划完成情况和计算新增生产能力的基础。

（2）单位工程。单位工程是单项工程的组成部分，单位工程是指不能独立发挥生产能力，但具有独立设计的施工图纸和组织施工的工程。按照单项工程的构成，又可将其分解为建筑工程和设备安装工程，如工业厂房工程中的土建工程、设备安装工程、工业管道工程等分别是单项工程中所包含的不同性质的单位工程。

（3）分部工程。分部工程是单位工程的组成部分，应按专业性质、建筑部位确定。考虑到组成单位工程的各部分是由不同工人用不同工具和材料完成的，可以进一步把单位工程分解成分部工程。土建工程的分部工程是按建筑工程的主要部位划分的，如基础工程、主体工程、地面工程等；安装工程的分部工程是按工程的种类划分的，如管道工程、电气工程、通风工程及设备安装工程等。

（4）分项工程。分项工程是分部工程的组成部分，一般按主要工程、材料施工工艺、设备类别等进行划分。例如，土方开挖工程、土方回填工程、砖砌体工程、木门窗制作与安装工程、玻璃幕墙工程等。分项工程是工程项目施工生产活动的基础，也是计量工程用工、用料和机械台班消耗的基本单元；同时，又是工程质量形成的直接过程。分项工程既有其作业活动的独立性，又有相互联系、相互制约的整体性。

二、工程项目建设及计价程序

1. 工程项目建设程序的概念

工程项目建设程序是指工程项目从策划、评估、决策、设计、施工到竣工验收、投入生产或交付使用的整个建设过程中，各项工作必须遵循的先后工作次序。工程项目建设程序是工程建设过程客观规律的反映，是工程项目科学决策和顺利进行的重要保证。项目建设涉及的社会面和管理部门广、协调合作环节多，要进行多方面复杂的工作。建设项目还与人们的生命安全、工作效益、生活便利、审美情趣有着密切关系。故在建设程序的操作细节上，管理环节更多，审查手续更严密，必须按照程序规律的先后依次进行。国家逐步以法律、法规的形式颁发并根据形势发展不断地补充完善，严格监督执行。

2. 工程项目建设及计价程序

建设及计价程序是对基本建设工作的科学总结，是项目建设过程中客观规律的集中体现。

（1）工程项目建设程序

1）提出项目建议书。项目建议书是投资决策前，拟建项目单位向国家提出的要求建设某一项目的建议文件，是对工程项目建设的轮廓设想。项目建议书的主要作用是推荐一个拟建项目，论述其建设的必要性、建设条件的可行性和获利的可能性，供国家选择并确定是否进行下一步工作。

项目建议书的内容视项目的不同而有繁有简，但一般应包括以下几方面内容：①项目提出的必要性和依据；②产品方案、拟建规模和建设地点的初步设想；③资源情况、建设条件、协作关系和设备技术引进国别、厂商的初步分析；④投资估算、资金筹措及还贷方案设想；⑤项目进度安排；⑥经济效益和社会效益的初步估计；⑦环境影响的初步评价。

对于政府投资项目，项目建议书按要求编制完成后，应根据建设规模和限额划分分别报送有关部门审批。项目建议书经批准后，即纳入了长期基本建设计划，即人们通常所说的“立项”。项目建议书阶段的“立项”，并不表明项目非上不可，还需要开展详细的可行性研究。

2）进行可行性研究。项目建议书被批准后，可开展可行性研究工作。可行性研究是在投资决策前，对项目有关的社会、技术和经济条件等进行深入的调查研究，论证项目建设的必要性、技术可行性、经济合理性，是决策建设项目能否成立的依据和基础。

可行性研究报告应包括以下基本内容：项目提出的背景、项目概况及投资的必要性；产品需求、价格预测及市场风险分析；资源条件评价（对资源开发项目而言）；建设规模及产品方案的技术经济分析；建厂条件与厂址方案；技术方案、设备方案和工程方案；主要原材料、燃料供应；总图、运输与公共辅助工程；节能、节水措施；环境影响评价；劳动安全卫生与消防；组织机构与人力资源配置；项目实施进度；投资估算及融资方案；财务评价和国民经济评价；社会评价和风险分析；研究结论与建议。

可行性研究报告经批准后，不得随意修改和变更。如果在建设规模、产品方案、主要协作关系等方面有变动，以及突破投资控制数额时，应经原批准机关复审同意。可行性研究报告批准后，应正式成立项目法人，并按项目法人责任制实行项目管理。凡经可行性研究未通过的项目，不得进行下一步工作。经过批准的可行性研究报告，是项目最终立项的标志，是初步设计的依据。

3）设计阶段。初步设计可行性研究报告批准后，工程建设进入设计阶段。我国大中型建设项目一般采用两阶段设计，即初步设计、施工图设计。重大项目和特殊项目，根据各行业的特点，实行初步设计、技术设计、施工图设计三阶段设计。民用项目一般为方案设计、施工图设计两个阶段。

①初步设计。是根据可行性研究报告的要求所做的具体实施方案，目的是阐明在指定的地点、时间和投资控制数额内，拟建项目在技术上的可行性和经济上的合理性，并通过对工程项目所做出的基本技术经济规定，编制项目总概算。初步设计不得随意改变被批准的可行性研究报告所确定的建设规模、产品方案、工程标准、建设地址和总投资等控制目标。如果初步设计提出的总概算超过可行性研究报告总投资的 10% 或其他主要指标需要变更时，应说明原因和计算依据，并重新向原审批单位报批可行性研究报告。

②技术设计。应根据初步设计和更详细的调查研究资料编制，以进一步解决初步设计中的重大技术问题，如工艺流程、建筑结构、设备选型及数量确定等，使工程项目的设计更具体、更完善，技术指标更好。

③施工图设计。根据初步设计或技术设计的要求，结合现场实际情况，完整地表现建筑物外形、内部空间分割结构体系、构造状况及建筑群的组成和周围环境的配合。它还包括各种运输、通信、管道系统、建筑设备的设计。在工艺方面，应具体确定各种设备的型号、规格及各种非标准设备的制造加工图。

4）开工准备。项目在开工建设之前要切实做好各项准备工作，其主要内容如下：①征地、拆迁和场地平整；②完成施工用水、电、通信、道路等接通工作；③组织招标，选择工程监理单位、承包单位及设备、材料供应商；④准备必要的施工图纸；⑤办理工程质量监督和施工许可手续。

建设单位在办理施工许可证之前应当到规定的工程质量监督机构办理工程质量监督注册手续。从事各类房屋建筑及其附属设施的建造、装修装饰和与其配套的线路、管道、设备的安装，以及城镇市政基础设施工程的施工，业主在开工前应当向工程所在地的县级以上人民政府建设行政主管部门申请领取施工许可证。必须申请领取施工许可证的建筑工程未取得施工许可证的，一律不得开工。工程投资额在30万元以下或者建筑面积在300 m^2以下的建筑工程，可以不申请办理施工许可证。

5）组织施工。项目新开工时间，是指工程项目设计文件中规定的任何一项永久性工程第一次正式破土开槽开始施工的日期。不需开槽的工程，以开始进行土方、石方工程的日期作为正式开工日期。铁路、公路、水库等需要进行大量土、石方工程的，以开始进行土方、石方工程的日期作为正式开工日期。工程地质勘查、平整场地、旧建筑物的拆除，临时建筑、施工用临时道路和水、电等工程开始施工的日期不能算作正式开工日期。分期建设的项目分别按各期工程开工的日期计算，如二期工程应根据工程设计文件规定的永久性工程开工的日期计算。

承包工程建设项目的施工企业必须持有资质证书，并在资质许可的业务范围内承揽工程。建设项目开工前，建设单位应当指定施工现场总代表人，施工企业应当指定项目经理，并分别将总代表人和项目经理的姓名及授权事项书面通知对方，同时报工程所在地县级以上地方人民政府建设行政主管部门备案。

施工企业项目经理必须持有资质证书，并在资质许可证的业务范围内履行项目经理职责。项目经理全面负责施工过程中的现场管理，并根据工程规模、技术复杂程度和施工现场的具体情况，建立施工现场管理责任制，并组织实施。

施工企业应严格按照有关法律法规和工程建设技术标准的规定编制施工组织设计，制定质量、安全、技术、文明施工等各项保证措施，确保工程质量、施工安全和现场文明施工，施工企业必须严格按照批准的设计文件、施工合同和国家现行的施工及验收规范进行工程建设项目施工。施工中若需变更设计，应按有关规定和程序进行，不得擅自变更。

建设、监理、勘测设计单位、施工企业和建筑材料、构配件及设备生产供应单位，应按照《建筑法》《建设工程质量管理条例》的规定承担工程质量责任和其他责任。

6）竣工验收阶段。当工程项目按设计文件的规定内容和施工图纸的要求全部建完后，便可组织验收。竣工验收是全面考核建设工作，检查是否符合设计要求和工程质量的重要环节，对促进建设项目及时投产、发挥投资效益、总结建设经验有重要作用。

①竣工验收的范围。按照国家现行规定，工程项目按批准的设计文件所规定的内容建成，符合验收标准，即工业项目经过投料试车（带负荷运转）合格，形成生产能力的，非工业项目符合设计要求，能够正常使用的，都应及时组织验收，办理固定资产移交手续。

②竣工验收的准备工作。建设单位应认真做好工程竣工验收的准备工作，内容如下：

A. 整理技术资料。技术资料主要包括土建施工、设备安装方面及各种有关的文件、合同和试生产情况报告等。

B. 绘制竣工图。工程项目竣工图是真实记录各种地下、地上建筑物等详细情况的技术文件，是对工程进行交工验收、维护、扩建、改建的依据，同时也是使用单位长期保存的技术资料。竣工图必须准确、完整，符合归档要求，方能交工验收。

C. 编制竣工决算。建设单位必须及时清理所有财产、物资和未用完或应收回的资金，编制工程竣工决算，分析概（预）算执行情况，考核投资效益，报请主管部门审查。

③竣工验收的程序和组织。根据国家现行规定，规模较大、较复杂的工程建设项目应先进行初验，然后进行正式验收。规模较小、较简单的工程项目，可以一次进行全部项目的竣工验收。

工程项目全部建完，经过各单位工程的验收，符合设计要求，并具备竣工图、竣工决算、工程总结等必要文件资料，由项目主管部门或建设单位向负责验收的单位提出竣工验收申请报告。

竣工验收要根据投资主体、工程规模及复杂程度由国家有关部门或建设单位组成验收委员会或验收组。验收委员会或验收组负责审查工程建设的各个环节，听取各有关单位的工作汇报。审阅工程档案、实地查验建筑安装工程实体，对工程设计、施工和设备质量等做出全面评价。不合格的工程不予验收，对遗留问题要提出具体解决意见，限期落实。

7）项目后评价。项目后评价是工程项目实施阶段管理的延伸，项目后评价的基本方法是对比法。就是将工程项目建成投产后所取得的实际效果、经济效益和社会效益、环境保护等情况与前期决策阶段的预测情况相对比，与项目建设前的情况相对比，从中发现问题，总结经验和教训。在实际工作中往往从以下两个方面对工程项目进行后评价。

①效益后评价。项目效益后评价是项目后评价的重要组成部分。它以项目投产后实际取得的效益（经济、社会、环境等）及隐含在其中的技术影响为基础，重新测算项目的各项经济数据，得到相关的投资效果指标，然后将它们与项目前期评估时预测的有关经济效果值（如净现值 NPV、内部收益率 IRR、投资回收期 Pt 等）、社会环境影响值进行对比，评价和分析其偏差情况及原因。吸取经验教训，从而为提高项目的投资管理水平和投资决策服务。具体包括经济效益后评价、环境效益和社会效益后评价、项目可持续性后评价及项目综合效益后评价。

②过程后评价。过程后评价是指对工程项目的立项决策、设计施工、竣工投产、生产

运营等全过程进行系统分析，找出项目后评价与原预期效益之间的差异及其产生的原因，使后评价结论有根有据，同时针对问题提出解决办法。

以上两方面的评价有着密切的联系，必须全面理解和运用，才能对后评价项目做出客观、公正、科学的结论。

（2）工程项目计价程序

建设工程的生产过程是一个周期长、消耗数量大的生产消费过程，如果包括可行性研究、设计过程在内，时间更长，而且是分阶段进行，逐步深入。在工程项目建设程序的不同阶段需分别确定投资估算、设计概算、施工图预算、施工预算、工程结算和竣工决算，整个计价过程是一个由粗到细、由浅到深，最后确定工程实际造价的过程，各阶段造价文件的主要内容和作用如下：

1）投资估算。一般是指在项目建议书或可行性研究阶段，建设单位向国家或主管部门申请建设项目投资时，为了确定建设项目的投资总额而编制的经济文件。它是国家或主管部门审批或确定建设项目投资计划的重要文件。投资估算主要采取简单估算方法（主要包括生产能力指数法、系数估算法、比例估算法及指标估算法）和分类估算方法进行建设投资的编制。

2）设计概算。设计概算是指在初步设计或扩大初步设计阶段，由设计单位根据初步设计图纸、概算定额或概算指标，材料、设备预算价格，各项费用定额或取费标准，建设地区的自然、技术经济条件等资料，预先计算建设项目由筹建至竣工验收、交付使用全部建设费用的经济文件。它是国家确定和控制建设项目总投资的依据，是编制建设项目计划的依据，是考核设计方案的经济合理性、选择最优设计方案的重要依据，是进行设计概算、施工图预算和竣工决算“三算”对比的基础，是实行投资包干和招标承包制的依据，也是银行办理工程贷款和结算，以及实行财政监督的重要依据。

3）修正概算。修正概算是指当采用三阶段设计时，在技术设计阶段，随着设计内容的具体化，建设规模、结构性质、设备类型和数量等与初步设计可能有出入，为此，设计单位应对投资进行具体核算，对初步设计的概算进行修正而形成的经济文件。一般情况下，修正概算不应超过原批准的设计概算。

4）施工图预算。施工图预算是指在施工图设计阶段，设计工作全部完成并经过会审，单位工程开工之前，由设计咨询或施工单位根据施工图纸，施工组织设计，消耗量定额或规范，人工、材料、机械单价和各项费用取费标准，建设地区的自然、技术、经济条件等资料，预先计算和确定单项工程或单位工程全部建设费用的经济文件。它是确定建筑安装工程预算造价的具体文件，是建设单位编制招标控制价（或标底）和施工单位编制投标报价的依据，是签订建筑安装工程施工合同、实行工程预算包干、进行工程竣工结算的依据，是银行借贷工程价款的依据，是施工企业加强经营管理、搞好经济核算、实行对施工预算和施工图预算“两算对比”的基础，也是施工企业编制经营计划、进行施工准备的依据。

5）招标控制价或投标价。国有资金投资的工程进行招标，根据《中华人民共和国招标投标法》的规定，为有利于客观、合理地评审投标报价和避免哄抬标价，造成国有资产流失，招标人应编制招标控制价；同时，投标人投标时报出的工程造价，称为投标价，它是投标人根据业主招标文件的工程量清单、企业定额及有关规定，计算的拟建工程建设项目的工程造价，是投标文件的重要组成部分。

①招标控制价。招标控制价是指招标人根据国家或省级行业建设主管部门颁发的有关计价依据和办法，按设计施工图纸计算的，是对招标工程限定的最高工程造价。招标控制价是在工程招标发包过程中，由招标人或受其委托具有相应资质的工程造价咨询人，根据有关计价规定计算的工程造价，其作用是招标人用于对招标工程发包的最高限价。投标人的投标报价高于招标控制价的，其投标应予以拒绝。招标控制价的作用决定了招标控制价不同于标底，无须保密。

②投标价。投标价是在工程招标发包过程中，由投标人按照招标文件的要求，根据工程特点，并结合自身的施工技术、装备和管理水平，依据有关计价规定自主确定的工程造价，是投标人希望达成工程承包交易的期望价格，它不能高于招标人设定的招标控制价。

6）合同价。合同价是指发、承包双方在施工合同中约定的工程造价，又称为合同价格。它是由发包方和承包方根据《建设工程施工合同示范文本》等有关规定，经协商一致确定的作为双方结算基础的工程造价。采用招标发包的工程，其合同价应为投标人的中标价。合同价属于市场价格的性质，它是由承发包双方根据市场行情共同议定和认可的成交价格，但并不等同于最终结算的实际工程造价。

7）施工预算。施工预算是指施工阶段，在施工图预算的控制下，施工单位根据施工图计算的分项工程量、企业定额、单位工程施工组织设计等资料，通过工料分析，计算和确定拟建工程所需的人工、材料、机械台班消耗量及其相应费用的技术经济文件。它是施工企业对单位工程实行计划管理，编制施工作业计划的依据；是向作业队签发施工任务单，实行经济核算，考核单位用工的依据；是限额领料的依据；是施工企业推行全优综合奖励制度，实行按劳分配的依据；是施工企业开展经济活动分析，进行“两算”对比的依据；是施工企业向建设单位索赔或办理经济签证的依据。

8）工程结算。工程结算是指一个单项工程、单位工程、分部工程或分项工程完工，并经建设单位及有关部门验收或验收点交后，施工企业根据合同规定，按照施工现场实际情况的记录、设计变更通知书、现场签证、消耗量定额、工程量清单、人工材料机械单价和各项费用取费标准等资料，向建设单位办理结算工程价款，取得收入，用以补偿施工过程中的资金耗费，确定施工盈亏的经济文件。它是进行成本控制和分析的依据，是施工企业取得货币收入，用以补偿资金耗费的依据。

9）竣工决算。竣工决算是指在竣工验收阶段，当一个建设项目完工并经验收后，建设单位编制从筹建到竣工验收、交付使用全过程实际支付的建设费用的经济文件。其内容由文字说明和决策报表两部分组成。它是国家或主管部门进行建设项目验收时的依据，是全面反映建设项目经济效果、核定新增固定资产和流动资产价值、办理交付使用的依据。

综上所述，工程项目计价程序中各项技术经济文件均以价值形态贯穿于整个工程建设项目过程中。从一定意义上说，估算、概算、预算、结算、决算等经济活动是工程建设项目经济活动的血液，是一个有机的整体，缺一不可。申请工程项目要编写估算，设计要编写概算，施工要编写预算，并在其基础上投标报价、签订合同价，竣工时要编写结算和决算。同时，国家要求，决算不能超过预算、预算不能超过概算。

第二节　建筑工程造价概论

一、工程造价的概念与特点

1. 工程造价的概念

工程造价通常是指工程建造价格的简称。它是工程价值的货币表现，是以货币形式反映的工程施工活动中耗费的各种费用的总和。由于所站的角度不同，工程造价有两种不同的含义。

第一种含义是从投资者（业主）的角度分析，工程造价是指建设一项工程预期开支或实际开支的全部固定资产投资费用。投资者为了获得投资项目的预期效益，就需要对项目进行策划、决策及实施，直至竣工验收等一系列投资管理活动。在上述活动中所花费的全部费用，就构成了工程造价。从这个意义上讲，建设工程造价就是建设工程项目固定资产的总投资。

第二种含义是从市场交易的角度分析，工程造价是指为建成一项工程，预计或实际在土地市场、设备市场、技术劳务市场及工程承发包市场等交易活动中所形成的建筑安装工程价格和建设工程总价格。显然，工程造价的第二种含义是指以建设工程这种特定的商品形式作为交易对象，通过招投标或其他交易方式，在进行多次预估的基础上，最终由市场形成的价格。它是由需求主体（投资者）和供给主体（建筑商）共同认可的价格。这一含义又因工程承发包方式及管理模式不同，价格内容不尽相同。

工程造价的两种含义实质上就是从不同角度把握同一事物的本质。对市场经济条件下的投资者来说，工程造价就是项目投资，是“购买”工程项目要付出的价格；同时，工程造价也是投资者作为市场供给主体，“出售”工程项目时确定价格和衡量投资经济效益的尺度。对规划、设计、承包商及包括造价咨询在内的中介服务机构来说，工程造价是他们作为市场主体出售商品和劳务价格的总和，或者是特指范围的工程造价，如建筑安装工程造价。

2. 工程造价的特点

（1）工程造价的大额性。工程建设项目为了实现其建设目标，需要投入大量的资金，项目的工程造价动辄数百万、数千万，特大的工程项目造价可达百亿元。工程造价的大额性决定了工程造价的特殊地位，也说明了工程造价管理在项目建设过程管理中具有重要意义。

（2）工程造价的个别性。由于每一项建设工程都有其特定的用途功能和规模，因此，对其工程的结构、造型、设备配置和装饰装修就有不同的要求，这样，不同的项目其工程内容和实物形态就具有差异性。产品的差异性及工程项目地理位置的不同决定了工程造价的差异。

（3）工程造价的动态性。建设工程从决策到竣工交付使用有一个较长的建设期，在建设期内，不同的阶段存在着许多影响工程造价的动态因素。如设计阶段的设计变更，各阶段的材料、设备价格、工资标准及取费费率的调整，贷款利率、汇率的变化，都必然会影响到工程造价的变动。工程造价在整个建设期处于不确定状态，直至项目竣工决算后才能最终确定该工程的实际造价。

（4）工程造价的兼容性。工程造价的兼容性，一方面表现在工程造价具有两种含义，另一方面表现在工程造价构成的广泛性和复杂性，工程造价除建筑安装工程费用、设备及工器具购置费用外，还包括固定资产其他费用、无形资产费用、其他资产费用、预备费、贷款利息等内容。

二、工程计价的特征

工程建设活动是一项多环节、受多因素影响、涉及面广的复杂活动，由工程项目的特点决定，工程计价具有以下特征：

1. 计价的单件性。任何一项工程都有特定的用途、功能和规模，每项工程的结构、空间分割、设备配置和内外装饰都有不同的要求，所以工程内容和实物形态都具有个别性、差异性。建设工程还必须在结构、造型等方面适应工程所在地的气候、地质、水文等自然条件，这就使建设项目的实物形态千差万别。再加上不同地区构成投资费用的各种要素的差异，最终导致建设项目投资的千差万别。总而言之，建筑产品的个体差异性决定了每项工程都必须单独计算造价。

2. 计价的多次性。建设项目周期长、规模大、造价高，因此按照基本建设程序必须分阶段进行建设。由于项目建设程序的不同阶段工作深度不同，计价所依据的资料需逐步细化，相应地也要在不同阶段进行多次估价，以保证工程造价估价与控制的科学性。多次性估价是一个逐步深入、由不准确到准确的过程。

3. 计价的组合性。建设项目投资的计算是分部组合而成的，这与建设项目的组合性有关，一个建设项目是一个工程的综合体。凡是按照一个总体设计进行建设的各个单项工程汇集的总体为一个建设项目。在建设项目中凡是具有独立的设计文件、竣工后可以独立发挥生产能力或工程效益的工程为单项工程，也可将它理解为具有独立存在意义的完整的工程项目。各单项工程又可分解为各个能独立施工的单位工程。考虑到组成单位工程的各部分是由不同工人用不同工具和材料完成的，又可以把单位工程进一步分解为分部工程。然后还可按照不同的施工方法、构造及规格，把分部工程更细致地分解为分项工程。建设项目的组合性决定了确定工程造价的逐步组合过程，同时也反映到合同价和结算价的确定过程中。工程造价的组合过程如下：分部分项工程造价—单位工程造价—单项工程造价—建设工程总造价。

4. 计价依据的复杂性。由于影响工程造价的因素较多，计价依据具有复杂性。工程计价依据的种类繁多，主要如下：设备和工程量的计算依据；人工、材料、机械等实物消耗量的计算依据；计算工程单价的依据；设备单价的计算依据；计算各种费用的依据；政府规定的税、费文件和物价指数、工程造价指数等。

5. 计价方法的多样性。工程造价在各个阶段具有不同的作用，且各个阶段对工程建设项目的研究深度也有很大的差异，因而工程造价的计价方法是多种多样的。例如，投资估算的方法有设备系数法、生产能力指数估算法等；概算造价的方法有概算定额法、概算指标法和类似工程预算法；预算造价的方法有单价法和实物法等。不同的方法有不同的适用条件，计价时应根据具体情况加以选择。

三、工程造价管理的概念和内容

1. 工程造价管理的概念

工程造价管理有两种含义：一是建设工程投资费用管理；二是工程价格管理。建设工程投资费用管理属于工程建设投资管理范畴。它是指为了实现投资的预期目标，在拟订的规划、设计方案的条件下，预测、计算、确定和监控工程造价及其变动的系统活动。

工程价格管理属于价格管理范畴，是生产企业在掌握市场价格信息的基础上，为实现管理目标而进行的成本控制、计价、定价和竞价的系统活动。

2. 工程造价管理内容

工程造价管理包括工程造价合理确定和有效控制两个方面。

（1）工程造价的合理确定。工程造价的合理确定，就是在工程建设的各个阶段，采用科学的计算方法和切合实际的计价依据，合理确定投资估算、设计概算、施工图预算、承包合同价、结算价、竣工决算。

（2）工程造价的有效控制。工程造价的有效控制，是指在投资决策阶段、设计阶段、建设项目发包阶段和建设实施阶段，把建设工程造价的发生控制在批准的造价限额之内，随时纠正发生的偏差，以保证项目管理目标的实现，以求在各个建设项目中能合理使用人力、物力、财力，取得较高的投资效益和社会效益。

第二章　建筑工程造价的组成

第一节　工程造价概述

一、我国现行建设项目投资构成和工程造价构成

建设项目投资是指在工程项目建设阶段所需要的全部费用的总和。生产性建设项目总投资包括建设投资、建设期利息和流动资金三部分；非生产性建设项目投资包括建设投资和建设期利息两部分。其中，建设投资和建设期利息之和对应于固定资产投资，固定资产投资与建设项目的工程造价在量上相等。

工程造价的主要构成部分是建设投资，建设投资包括工程费用、工程建设其他费用和预备费用三部分。工程费用是指直接构成固定资产实体的各种费用，可以分为建筑安装工程费和设备及工具购置费。工程建设其他费用是指根据国家有关规定应在投资中支付，并列入建设项目总造价或单项工程造价的费用。预备费用是为了保证工程项目的顺利实施，避免在难以预料的情况下造成投资不足而预先安排的一笔费用。建设期利息是指建设项目使用投资贷款，在建设期内应归还的贷款利息。

二、世界银行工程造价的构成

世界银行、国际咨询工程师联合会在1978年对项目的总建设成本（相当于我国的工程造价）做了统一规定，世界银行工程造价的构成包括项目直接建设成本、项目间接建设成本、应急费和建设成本上升费用。

1. 项目直接建设成本

项目直接建设成本包括以下内容：

（1）土地征购费。

（2）场外设施费用，如道路、码头、桥梁、机场、输电线路等设施费用。

（3）场地费用，指用于场地准备厂区道路、铁路、围栏、场内设施等的建设费用。

（4）工艺设备费用，指主要设备、辅助设备及零配件的购置费用，包括海运包装费用、

交货港离岸价，但不包括税金。

（5）设备安装费，指设备供应商的监理费用，本国劳务及工资费用，辅助材料、施工设备、消耗品和工具等费用，以及安装承包商的管理费和利润等。

（6）管道系统费用，指与系统的材料及劳务相关的全部费用。

（7）电气设备费，其内容与工艺设备费用类似。

（8）电气安装费，指设备供应商的监理费用，本国劳务与工资费用，辅助材料、电缆管道和工具费用，以及营造承包商的管理费和利润。

（9）仪器仪表费，指所有自动仪表、控制板、配线和辅助材料的费用及供应商的监理费用、外国或本国劳务及工资费用、承包商的管理费和利润。

（10）机械的绝缘和油漆费，指与机械及管道的绝缘和油漆相关的全部费用。

（11）工艺建筑费，指原材料、劳务费及与基础、建筑结构、屋顶、内外装修、公共设施有关的全部费用。

（12）服务性建筑费用，其内容与工艺建筑费相似。

（13）工厂普通公共设施费，包括材料和劳务费及与供水燃料供应、通风、蒸汽发生及分配、下水道、污物处理等公共设施有关的费用。

（14）车辆费，指工艺操作必需的机动设备零件费用，包括海运包装费用及交货港的离岸价，但不包括税金。

（15）其他当地费用，指那些不能归类于以上任何一个项目，不能计入项目间接成本，但在建设期间又是必不可少的当地费用。如临时设备、临时公共设施及场地的维持费、营地设施及其管理、建筑保险和债券、杂项开支等费用。

2. 项目间接建设成本

项目间接建设成本包括项目管理费、开工试车费、业主的行政性费用、生产前费用、运费和保险费及地方税等内容。

（1）项目管理费。1）总部人员的薪金和福利费，以及用于初步和详细工程设计、采购时间和成本控制、行政和其他一般管理的费用；2）施工管理现场人员的薪金、福利费和用于施工现场监督、质量保证、现场采购、时间及成本控制、行政及其他施工管理机构的费用；3）零星杂项费用，如返工、旅行、生活津贴、业务支出等；4）各种酬金。

（2）开工试车费，指工厂投料试车必需的劳务和材料费用（项目直接成本包括项目完工后的试车和空运转费用）。

（3）业主的行政性费用，指业主的项目管理人员费用及支出（其中某些费用必须排除在外，并在“估算基础”中详细说明）。

（4）生产前费用，指前期研究、勘测、建矿、采矿等费用（其中一些费用必须排除在外，并在“估算基础”中详细说明）。

（5）运费和保险费，指海运、国内运输、许可证及佣金、海洋保险、综合保险等费用。

（6）地方税，指地方关税、地方税及对特殊项目征收的税金。

3. 应急费

（1）未明确项目的准备金。此项准备金不是为了支付工作范围以外可能增加的项目，不是用以应付天灾、非正常经济情况及罢工等情况，也不是用来补偿估算的任何误差，而是用来支付那些几乎可以肯定要发生的费用。它是估算不可缺少的一个组成部分。

（2）不可预见准备金。此项准备金（在未明确项目的准备金之外）用于在估算达到了一定的完整性并符合技术标准的基础上，由于物质、社会和经济的变化，导致估算增加的情况。此种情况可能发生，也可能不发生。因不可预见准备金只是一种储备，可能不动用。

4. 建设成本上升费用

一般情况下，估算截止日期就是使用的构成工资率、材料和设备价格基础的截止日期。国际上进行工程估价时，必须对该日期或已知成本基础进行调整，用于补偿从估算截止日期直至工程结束时的未知价格增长。

增长率是以已发表的国内和国际成本指数、公司记录等为依据，并与实际供应商进行核对，然后根据确定的增长率和从工程进度表中获得的各主要组成部分的中点值，计算出每项主要组成部分的成本上升值。

第二节　建筑安装工程费用

2013 年 3 月 21 日，住房和城乡建设部、财政部发布了《建筑安装工程费用项目组成》的通知（建标〔2013〕44 号）；2012 年 12 月 25 日，住房和城乡建设部等发布了第 1567 号公告《建设工程工程量清单计价规范》（GB 50500—2013），明确规定综合单价法为工程量清单的计价方法，也引发了建筑安装工程造价构成。两种方法费用组成包含的内容并无实质差异，前者主要表述的是建筑安装工程费用项目的组成，而后者的建筑安装工程造价要求的是建筑安装工程在工程交易和工程实施阶段工程造价的组价要求，包括索赔等，内容更全面、更具体。

一、建筑安装工程费用内容

在工程建设中，建筑安装工程是创造价值的活动。建筑安装工程费用作为建筑安装工程价值的货币表现，也被称为建筑安装工程造价，由建筑工程费用和安装工程费用两部分构成。

1. 建筑工程费用内容

（1）各类房屋建筑工程和列入房屋建筑工程预算的供水、供暖、卫生、通风、燃气等设备费用及其装饰工程的费用，列入建筑工程预算的各种管道、电力、电信和电缆导线铺设工程的费用。

（2）设备基础、支柱、工作台、烟囱、水池、水塔、筒仓等建筑工程及各种炉窑的砌筑工程和金属结构工程的费用。

（3）矿井开凿、井巷延伸、露天矿剥离，石油、天然气钻井，修建铁路、公路、桥梁、水库、堤坝、灌渠及防洪等工程的费用。

（4）为施工而进行的场地平整，工程和水文地质勘查，原有建筑物和障碍物的拆除以及施工临时用水、电、气、路和完工后的场地清理，环境绿化、美化等工作的费用。

2. 安装工程费用内容

（1）生产、动力、起重、运输、传动和医疗、实验等各种需要安装的机械设备的装配费用，与设备相连的工作平台、梯子、栏杆等设施的工程费用，附属于安装设备的管线敷设工程费用，以及被安装设备的绝缘、防腐、保温、油漆等工作的材料费和安装费用。

（2）对单台设备进行单机试运转，对系统设备进行系统联动无负荷试运转工作的调试费用。

二、建筑安装工程费用项目组成（按费用构成要素划分）

根据住房和城乡建设部、财政部“关于印发《建筑安装工程费用项目组成》的通知”（建标〔2013〕44号），建筑安装工程费按照费用构成要素划分：由人工费、材料（包含工程设备，下同）费、施工机具使用费、企业管理费、利润、规费和税金组成。其中人工费、材料费、施工机具使用费、企业管理费和利润包含分部分项工程费、措施项目费、其他项目费中。

1. 人工费

人工费是指按工资总额构成规定，支付给从事建筑安装工程施工的生产工人和附属生产单位工人的各项费用。

（1）计时工资或计件工资，是指按计时工资标准和工作时间或对已做工作按计件单价支付给个人的劳动报酬。

（2）奖金，是指对超额劳动和增收节支支付给个人的劳动报酬。如节约奖、劳动竞赛奖等。

（3）津贴补贴，是指为了补偿职工特殊或额外的劳动消耗和因其他特殊原因支付给个人的津贴，以及为了保证职工工资水平不受物价影响支付给个人的物价补贴。如流动施工津贴、特殊地区施工津贴、高温（寒）作业临时津贴、高空津贴等。

（4）加班加点工资，是指按规定支付的在法定节假日工作的加班工资和在法定日工作时间外延时工作的加点工资。

（5）特殊情况下支付的工资，是指根据国家法律、法规和政策规定，由于疾病、工伤、产假、计划生育假、婚丧假、事假、探亲假、定期休假、停工学习、执行国家或社会义务等原因按计时工资标准或计时工资标准的一定比例支付的工资。

工程造价管理机构确定日工资单价应通过市场调查，根据工程项目的技术要求，参考实物工程量人工单价综合分析确定，最低日工资单价不得低于工程所在地人力资源和社会保障部门所发布的最低工资标准：普工的1.3倍，一般技工的2倍，高级技工的3倍。

工程计价定额不可只列一个综合工日单价，应根据工程项目技术要求和工种差别适当划分多种日人工单价，确保各分部工程人工费的合理构成。

2. 材料费

材料费是指施工过程中耗费的原材料辅助材料、构配件、零件、半成品或成品、工程设备的费用。内容如下：

（1）材料原价，是指材料、工程设备的出厂价格或商家供应价格。

（2）运杂费，是指材料、工程设备自来源地运至工地仓库或指定堆放地点所发生的全部费用。

（3）运输损耗费，是指材料在运输装卸过程中不可避免的损耗。

（4）采购及保管费，是指为组织采购、供应和保管材料、工程设备的过程中所需要的各项费用，包括采购费、仓储费、工地保管费、仓储损耗。工程设备是指构成或计划构成永久工程一部分的机电设备、金属结构设备、仪器装置及其他类似的设备和装置。

3. 施工机具使用费

施工机具使用费是指施工作业所发生的施工机械、仪器仪表使用费或其租赁费。

（1）施工机械使用费。以施工机械台班耗用量乘以施工机械台班单价表示，施工机械台班单价应由下列7项费用组成：

1）折旧费，指施工机械在规定的使用年限内，陆续收回其原值的费用。

2）大修理费，指施工机械按规定的大修理间隔台班进行必要的大修理，以恢复其正常功能所需的费用。

3）经常修理费，指施工机械除大修理以外的各级保养和临时故障排除所需的费用，包括为保障机械正常运转所需替换设备与随机配备工具附具的摊销和维护费用、机械运转中日常保养所需润滑与擦拭的材料费用及机械停滞期间的维护和保养费用等。

4）安拆费及场外运费。安拆费指施工机械（大型机械除外）在现场进行安装与拆卸所需的人工、材料、机械和试运转费用及机械辅助设施的折旧、搭设、拆除等费用；场外运费指施工机械整体或分体自停放地点运至施工现场或由一施工地点运到另一施工地点的运输装卸、辅助材料及架线等费用。

5）人工费，指机上司机（司炉）和其他操作人员的人工费。

6）燃料动力费，指施工机械在运转作业中所消耗的各种燃料及水、电费等。

7）税费，指施工机械按照国家规定应缴纳的车船使用税、保险费及年检费等。

（2）仪器仪表使用费，是指工程施工所需使用的仪器仪表的摊销及维修费用。

仪器仪表使用费 = 工程使用的仪器仪表摊销费 + 维修费

4. 企业管理费

企业管理费是指建筑安装企业组织施工生产和经营管理所需的费用。内容如下：

（1）管理人员工资是指按规定支付给管理人员的计时工资、奖金、津贴补贴、加班加点工资及特殊情况下支付的工资等。

（2）办公费是指企业管理办公用的文具、纸张、账表、印刷、邮电、书报、办公软件、现场监控、会议、水电、烧水和集体取暖降温（包括现场临时宿舍取暖降温）等费用。

（3）差旅交通费是指职工因公出差、调动工作的差旅费、住勤补助费，市内交通费和午餐补助费，职工探亲路费，劳动力招募费，职工退休退职一次性路费，工伤人员就医路费，工地转移费以及管理部门使用的交通工具的油料、燃料等费用。

（4）固定资产使用费是指管理和试验部门及附属生产单位使用的属于固定资产的房屋、设备、仪器等的折旧、大修、维修或租赁费。

（5）工具用具使用费是指企业施工生产和管理使用的不属于固定资产的工具、器具、家具、交通工具和检验、试验、测绘、消防用具等的购置、维修和摊销费。

（6）劳动保险和职工福利费是指由企业支付的职工退职金、按规定支付给离休干部的经费、集体福利费、夏季防暑降温、冬季取暖补贴、上下班交通补贴等。

（7）劳动保护费是企业按规定发放的劳动保护用品的支出。如工作服、手套、防暑降温饮料以及在有碍身体健康的环境中施工的保健费用等。

（8）检验试验费是指施工企业按照有关标准规定，对建筑以及材料、构件和建筑安装物进行一般鉴定、检查所发生的费用，包括自设试验室进行试验所耗用的材料等费用。不包括新结构、新材料的试验费，对构件做破坏性试验及其他特殊要求检验试验的费用和建设单位委托检测机构进行检测的费用，对此类检测发生的费用，由建设单位在工程建设其他费用中列支。但对施工企业提供的具有合格证明的材料进行检测不合格的，该检测费用由施工企业支付。

（9）工会经费是指企业按《工会法》规定的全部职工工资总额比例计提的工会经费。

（10）职工教育经费是指按职工工资总额的规定比例计提，企业为职工进行专业技术和职业技能培训，专业技术人员继续教育职工职业技能鉴定职业资格认定及根据需要对职工进行各类文化教育所发生的费用。

（11）财产保险费是指施工管理用财产、车辆等的保险费用。

（12）财务费是指企业为施工生产筹集资金或提供预付款担保、履约担保、职工工资支付担保等所发生的各种费用。

（13）税金是指企业按规定缴纳的房产税、车船使用税、土地使用税、印花税等。

（14）其他。包括技术转让费、技术开发费、投标费、业务招待费、绿化费、广告费、公证费、法律顾问费、审计费、咨询费、保险费等。工程造价管理机构在确定计价定额中企业管理费时，应以定额人工费或定额人工费＋定额机械费作为计算基数，其费率根据历年工程造价积累的资料，辅以调查数据确定，列入分部分项工程和措施项目中。

5. 利润

利润是指施工企业完成所承包工程获得的盈利。施工企业根据企业自身需求并结合建筑市场实际自主确定，列入报价中。工程造价管理机构在确定计价定额中的利润时，应以定额人工费或定额人工费＋定额机械费作为计算基数，其费率根据历年工程造价积累的资料，并结合建筑市场实际确定，以单位（单项）工程测算，利润在税前建筑安装工程费的比重可按不低于5%且不高于7%的费率计算。利润应列入分部分项工程和措施项目中。

6. 规费

规费是指按国家法律、法规规定，由省级政府和省级有关权力部门规定必须缴纳或计取的费用。包括：

（1）社会保险费

1）养老保险费是指企业按照规定标准为职工缴纳的基本养老保险费。

2）失业保险费是指企业按照规定标准为职工缴纳的失业保险费。

3）医疗保险费是指企业按照规定标准为职工缴纳的基本医疗保险费。

4）生育保险费是指企业按照规定标准为职工缴纳的生育保险费。

5）工伤保险费是指企业按照规定标准为职工缴纳的工伤保险费。

（2）住房公积金是指企业按规定标准为职工缴纳的住房公积金。

（3）工程排污费是指按规定缴纳的施工现场工程排污费，应按工程所在地环境保护等部门规定的标准缴纳，按实际列入。其他应列而未列入的规费，按实际发生计取。

社会保险费和住房公积金应以定额人工费为计算基础，根据工程所在地省、自治区、直辖市或行业建设主管部门规定费率计算。

7. 税金

税金是指国家税法规定的应计入建筑安装工程造价内的营业税、城市维护建设税、教育费附加以及地方教育附加。

（1）营业税

应纳营业税＝计税营业额 ×3%

但建筑安装工程总承包方将工程分包或转包给他人的，其营业额中不包括付给分包或转包方的价款。营业税的纳税地点为应税劳务的发生地（工程所在地）。

（2）城市维护建设税

应纳税额＝应纳营业税额 × 适用税率（%）

注：城市维护建设税的纳税地点在市区的，其适用税率为营业税的7%；所在地为县镇的，其适用税率为营业税的5%；所在地为农村的，其适用税率为营业税的1%。城建税的纳税地点与营业税纳税地点相同。

（3）教育费附加

应纳税额＝应纳营业税额 ×3%

（4）地方教育附加

地方教育附加是指各省、自治区、直辖市根据国家有关规定，为实施“科教兴省”战略，增加地方教育的资金投入，促进各省、自治区、直辖市教育事业发展，开征的一项地方政府性基金。该收入主要用于各地方的教育经费的投入补充。财综〔2010〕98 号要求，各地统一征收地方教育附加，地方教育附加征收标准为单位和个人实际缴纳的增值税、营业税和消费税税额的 2%。

应纳税额 = 应纳营业税额 ×2%

（5）税金的综合计算

在税金的实际计算过程中，通常是四种税金一并计算。又由于在计算税金时，往往已知条件是税前造价，因此税金的计算公式可以表达为：

税金 = 税前造价 × 综合税率（%）

三、建筑安装工程费用构成（按造价形成划分）

建筑安装工程费按照工程造价形成由分部分项工程费、措施项目费、其他项目费、规费、税金组成，分部分项工程费、措施项目费、其他项目费包含人工费、材料费、施工机具使用费、企业管理费和利润。

1. 分部分项工程费

分部分项工程费是指各专业工程的分部分项工程应予列支的各项费用。

（1）专业工程是指按现行国家计量规范划分的房屋建筑与装饰工程、仿古建筑工程、通用安装工程、市政工程、园林绿化工程、矿山工程、构筑物工程、城市轨道交通工程、爆破工程等各类工程。

（2）分部分项工程指按现行国家计量规范对各专业工程划分的项目。如房屋建筑与装饰工程划分的土石方工程、地基处理与边坡支护工程、砌筑工程、钢筋及钢筋混凝土工程等。

2. 措施项目费

措施项目费是指为完成建设工程施工，发生于该工程施工前和施工过程中的技术、生活、安全、环境保护等方面的费用。内容如下：

（1）安全文明施工费

1）环境保护费：是指施工现场为达到生态环境部门要求所需要的各项费用。

2）文明施工费：是指施工现场文明施工所需要的各项费用。

3）安全施工费：是指施工现场安全施工所需要的各项费用。

4）临时设施费：是指施工企业为进行建设工程施工所必须搭设的生活和生产用的临时建筑物、构筑物和其他临时设施费用，包括临时设施的搭设、维修、拆除、清理费或摊销费等。

（2）夜间施工增加费：是指因夜间施工所发生的夜班补助费、夜间施工降效、夜间施工照明设备摊销及照明用电等费用。

（3）二次搬运费：是指因施工场地条件限制而发生的材料、构配件、半成品等一次运输不能到达堆放地点，必须进行二次或多次搬运所发生的费用。

（4）冬雨季施工增加费：是指在冬季或雨季施工需增加的临时设施、防滑、排除雨雪，人工及施工机械效率降低等费用。

（5）已完工程及设备保护费：是指竣工验收前，对已完工程及设备采取的必要保护措施所发生的费用。

（6）工程定位复测费：是指工程施工过程中进行全部施工测量放线和复测工作的费用。

（7）特殊地区施工增加费：是指工程在沙漠或其边缘地区、高海拔、高寒、原始森林等特殊地区施工增加的费用。

（8）大型机械设备进出场及安拆费：是指机械整体或分体自停放场地运至施工现场或由一个施工地点运至另一个施工地点，所发生的机械进出场运输和转移费用及机械在施工现场进行安装、拆卸所需的人工费、材料费、机械费、试运转费和安装所需的辅助设施的费用。

（9）脚手架工程费：是指施工需要的各种脚手架搭、拆、运输费用及脚手架购置费的摊销（或租赁）费用。

3. 其他项目费

（1）暂列金额：是指建设单位在工程量清单中暂定并包括在工程合同价款中的一笔款项。用于施工合同签订时尚未确定或者不可预见的所需材料、工程设备、服务的采购，施工中可能发生的工程变更、合同约定调整因素出现时的工程价款调整以及发生的索赔、现场签证确认等的费用。

暂列金额由建设单位根据工程特点，按有关计价规定估算，施工过程中由建设单位掌握使用，扣除合同价款调整后如有余额，归建设单位。

（2）计日工：是指在施工过程中，施工企业完成建设单位提出的施工图纸以外的零星项目或工作所需的费用。由建设单位和施工企业按施工过程中的签证计价。

（3）总承包服务费：是指总承包人为配合、协调建设单位进行的专业工程发包，对建设单位自行采购的材料、工程设备等进行保管及施工现场管理、竣工资料汇总整理等服务所需的费用。总承包服务费由建设单位在招标控制价中根据总包服务范围和有关计价规定编制，施工企业投标时自主报价，施工过程中按签约合同价执行。

4. 规费

建设单位和施工企业均应按照省、自治区、直辖市或行业建设主管部门发布的标准计算规费，不得作为竞争性费用。

5. 税金

建设单位和施工企业均应按照省、自治区、直辖市或行业建设主管部门发布的标准计算税金，不得作为竞争性费用。

第三节　设备及工具、器具购置费用

设备及工具、器具购置费用是由设备购置费和工具、器具及生产家具购置费组成的，它是固定资产投资中的积极部分。在生产性工程建设中，设备及工器具购置费用占工程造价比重的增大，意味着生产技术的进步和资本有机构成的提高。该笔费用由两项构成：一是设备购置费，由达到固定资产标准的设备工具、器具的费用组成；二是工具、器具及生产家具购置费，由不够固定资产标准的设备、仪器、工卡模具、器具、生产家具和备品备件等的购置费用组成。

一、设备购置费的构成及计算

设备购置费是指为建设项目购置或自制的达到固定资产标准的各种国产或进口设备、工具、器具的购置费用。

设备购置费 = 设备原价 + 设备运杂费

其中设备原价是指国产标准设备、国产非标准设备、进口设备的原价；设备运杂费是指除设备原价之外的关于设备采购、运输、途中包装及仓库保管等方面支出费用的总和。如果设备是由设备成套公司供应的，成套公司的服务费也应计入设备运杂费之中。

1. 国产设备原价的构成及计算

国产设备原价一般指的是设备制造厂的交货价，或订货合同价。它一般根据生产厂或供应商的询价、报价、合同价确定，或采用一定的方法计算确定。国产设备原价分为国产标准设备原价和国产非标准设备原价。

（1）国产标准设备原价是指按照主管部门颁发的标准图纸和技术要求，由我国设备生产厂批量生产的，符合国家质量检测标准的设备。国产标准设备原价一般指的是设备制造厂的交货价，即出厂价。如果设备是由设备成套公司供应，则以订货合同价为设备原价。有的设备有两种出厂价，即带有备件的出厂价和不带备件的出厂价。在计算时，一般采用带有备件的原价。

（2）国产非标准设备原价是指国家尚无定型标准，各设备生产厂不可能采用批量生产，只能按一次订货，并根据具体的设计图纸制造的设备。非标准设备原价有多种不同的计算方法，如成本计算估价法、系列设备插入估价法、分部组合估价法、定额估价法等。但无论采用哪种方法都应该使非标准设备计价接近实际出厂价，并且计算方法要简便。按成本计算估价法，非标准设备的原价由以下各项组成：

1）材料费：

材料费 = 材料净重 ×（1+ 加工损耗系数）× 每吨材料综合价

2）加工费包括生产工人工资和工资附加费、燃料动力费、设备折旧费、车间经费等。其计算公式如下：

加工费 = 设备总重量（t）× 设备每吨加工费

3）辅助材料费（简称辅材费）包括焊条、焊丝、氧气、氩气、氮气、油漆、电石等费用。其计算公式如下：

辅助材料费 = 设备总重量（t）× 辅助材料费指标

4）专用工具费。专用工具费是按照 1）~3）项之和乘以一定百分比计算的。

5）废品损失费。废品损失费是按照 1）~4）项之和乘以一定百分比计算的。

6）外购配套件费。外购配套件费是按设备设计图纸所列的外购配套件的名称、型号、规格、数量、重量，根据相应的价格加运杂费计算的。

7）包装费。包装费是按照以上 1）~6）项之和乘以一定百分比计算的。

8）利润。利润是按照 1）~5）项加第 7）项之和乘以一定利润率计算的。

9）税金。税金主要指增值税。其计算公式如下：

增值税 = 当期销项税额 – 进项税额

当期销项税额 = 销售额 × 适用增值税率（其中销售额为 1）~8）项之和）

10）非标准设备设计费。非标准设备设计费按照国家规定的设计费标准计算。

2. 进口设备原价的构成及计算

进口设备的原价是指进口设备的抵岸价，即抵达买方边境港口或边境车站，且交完关税后形成的价格。在国际贸易中，进口设备抵岸价的构成与进口设备的交货类别有关。交易双方所使用的交货类别不同，则交易价格的构成内容也有差异。

（1）进口设备的交货类别及特点

进口设备的交货类别可分为内陆交货类、目的地交货类、装运港交货类。

1）内陆交货类，即卖方在出口国内陆的某个地点交货。在交货地点，卖方及时提交合同规定的货物和有关凭证，并负担交货前的一切费用和风险；买方按时接收货物，交付货款，负担交货后的一切费用和风险，并自行办理出口手续和装运出口。货物的所有权也在交货后由卖方转移给买方。

2）目的地交货类，即卖方在进口国的港口或内地交货，有目的港船上交货价、目的港船边交货价（FOS）和目的港码头交货价（关税已付）及完税后交货价（进口国的指定地点）等几种交货价。它们的特点是买卖双方承担的责任、费用和风险是以目的地约定交货点为界线，只有当卖方在交货点将货物置于买方控制下才算交货，才能向买方收取货款。这种交货类别对卖方来说承担的风险较大，在国际贸易中卖方一般不愿采用。

3）装运港交货类，即卖方在出口国装运港交货，主要有装运港船上交货价（FOB），习惯称离岸价格，运费在内价（CFR）和运费、保险费在内价（CIF），习惯称到岸价格。它们的特点是卖方按照约定的时间在装运港交货，只要卖方把合同规定的货物装船后提供货运单据便完成交货任务，可凭单据收回货款。装运港船上交货（FOB）是我国进口设备采用最多的一种货价，FOB 费用划分与风险转移的分界点一致。

（2）进口设备抵岸价的构成及计算

进口设备采用最多的是装运港船上交货价（FOB），其抵岸价的构成可概括如下：

进口设备抵岸价 = 进口设备到岸价（CIF）+ 进口从属费 = 货价（FOB）+ 国际运费 + 运输保险费 + 银行财务费 + 外贸手续费 + 关税 + 消费税 + 进口环节增值税 + 车辆购置税

1）进口设备到岸价的构成及计算

进口设备到岸价（CIF）= 离岸价格（FOB）+ 国际运费 + 运输保险费 = 运费在内价（CFR）+ 运输保险费

①货价。一般指装运港船上交货价（FOB）。设备货价分为原币货价和人民币货价，原币货价一律折算为美元表示，人民币货价按原币货价乘以外汇市场美元兑换人民币中间价确定。进口设备货价按有关生产厂商询价、报价、订货合同价计算。

②国际运费。即从装运港（站）到达我国抵达港（站）的运费。我国进口设备大部分采用海洋运输，小部分采用铁路运输，个别采用航空运输。进口设备国际运费计算公式为：

国际运费（海、陆、空）= 原币货价（FOB）× 运费率（%）

国际运费（海、陆、空）= 运量 × 单位运价

其中，运费率或单位运价参照有关部门或进出口公司的规定执行。

③运输保险费。对外贸易货物运输保险是由保险人（保险公司）与被保险人（出口人或进口人）订立保险契约，在被保险人交付议定的保险费后，保险人根据保险契约的规定对货物在运输过程中发生的承保责任范围内的损失给予经济上的补偿。这是一种财产保险。

2）进口从属费的构成及计算

进口从属费 = 银行财务费 + 外贸手续费 + 关税 + 消费税 + 进口环节增值税 + 车辆购置税

①银行财务费一般是指中国银行手续费。

银行财务费 = 人民币货价（FOB 价）× 银行财务费率

②外贸手续费指按对外经济贸易部规定的外贸手续费率计取的费用，外贸手续费率一般取 1.5%。计算公式为：

外贸手续费 = [货价（FOB）+ 国际运费 + 运输保险费] × 外贸手续费率

③关税。由海关对进出国境或关境的货物和物品征收的一种税。计算公式如下：

关税 = [货价（FOB）+ 国际运费 + 运输保险费] × 进口关税税率

进口关税税率分为优惠税率和普通税率两种。优惠税率适用于与我国签订的有关税互惠条款的贸易条约或协定的国家的进口设备；普通税率是用于与我国未订有关税互惠条款的贸易条约或协定的国家的进口设备。进口关税税率按我国海关总署发布的进口关税税率计算。

④消费税。对部分进口设备（如轿车、摩托车等）征收，一般计算公式如下：

$$应纳消费税税额=\frac{到岸价格（CIF）\times 人民币外汇汇率+关税}{1-消费税税率}\times 消费税税率$$

其中，消费税税率根据规定的税率计算，该公式推导类似于运输保险费公式。

⑤进口环节增值税是对从事进口贸易的单位和个人，在进口商品报关进口后征收的税种。我国增值税条例规定，进口应税产品均按组成计税价格和增值税税率直接计算应纳税额，即

进口产品增值税额 = 组成计税价格 × 增值税税率

组成计税价格 = 关税完税价格 + 关税 + 消费税

增值税税率根据规定的税率计算。

⑥车辆购置税。进口车辆需缴进口车辆购置税。其公式如下：

进口车辆购置税 =（到岸价 + 关税 + 消费税）× 进口车辆购置税率

3. 设备运杂费的构成及计算

设备运杂费通常由下列各项构成：

（1）运费和装卸费。国产设备由设备制造厂交货地点起至工地仓库（或施工组织设计指定的需要安装设备的堆放地点）止所产生的运费和装卸费；进口设备则由我国到岸港口或边境车站起至工地仓库（或施工组织设计指定的需要安装设备的堆放地点）止所产生的运费和装卸费。

（2）包装费。在设备原价中没有包含的，为运输而进行的包装支出的各种费用。

（3）设备供销部门的手续费。按有关部门规定的统一费率计算。

（4）采购与仓库保管费指采购、验收、保管和收发设备所发生的各种费用，包括设备采购人员、保管人员和管理人员的工资、工资附加费、办公费、差旅交通费，设备供应部门办公和仓库所占固定资产使用费、工具用具使用费、劳动保护费、检验试验费等。这些费用可按主管部门规定的采购与保管费费率计算。

设备运杂费按设备原价乘以设备运杂费率计算，其公式如下：

设备运杂费 = 原设备 × 设备运杂费率

其中，设备运杂费率按各部门及省、市等的规定计取。

二、工具、器具及生产家具购置费的构成及计算

工具、器具及生产家具购置费是指新建或扩建项目初步设计规定的，保证初期正常生产必须购置的没有达到固定资产标准的设备、仪器、工卡模具、器具生产家具和备品备件等的购置费用。一般以设备购置费为计算基数，按照部门或行业规定的工具、器具及生产家具费率计算。计算公式如下：

工具、器具及生产家具购置费 = 设备购置费 × 定额费率

第四节　工程建设其他费用

工程建设其他费用，是指从工程筹建起到工程竣工验收交付使用止的整个建设期间，除建筑安装工程费用和设备、工器具购置费用以外的，为保证工程建设顺利完成和交付使用后能够正常发挥效用而发生的各项费用。

工程建设其他费用按其内容大体可分为三类。第一类指建设用地费，第二类指与工程建设有关的其他费用，第三类指与未来企业生产经营有关的其他费。

一、建设用地费

任何一个建设项目都固定于一定地点与地面相连接，必须占用一定量的土地，也就必然要发生为获得建设用地而支付的费用，这就是建设用地费。它是指为获得工程项目建设土地的使用权而在建设期内发生的各项费用，包括通过划拨方式取得土地使用权而支付的土地征用及迁移补偿费或者通过土地使用权出让方式取得土地使用权而支付的土地使用权出让金。

1. 建设用地取得的基本方式

建设用地的取得，实质是依法获取国有土地的使用权。根据我国《房地产管理法》规定，获取国有土地使用权的基本方式有两种：一是出让方式；二是划拨方式。建设土地取得的其他方式还包括租赁和转让。

（1）通过出让方式获取国有土地使用权

国有土地使用权出让，是指国家将国有土地使用权在一定年限内出让给土地使用者，土地使用者向国家支付土地使用权出让金的行为。通过出让方式获取国有土地使用权又可以分成两种具体方式：一是通过招标、拍卖、挂牌等竞争出让方式获取国有土地使用权，按照国家相关规定，工业（包括仓储用地，但不包括采矿用地）、商业、旅游、娱乐和商品住宅等各类经营性用地，必须以招标、拍卖或者挂牌方式出让。上述规定以外用途的土地的供地计划公布后，同一宗地有两个以上意向用地者的，也应当采用招标、拍卖或者挂牌方式出让。二是通过协议出让方式获取国有土地使用权，以协议方式出让国有土地使用权的出让金不得低于按国家规定所确定的最低价，协议出让底价不得低于拟出让地块所在区域的协议出让最低价。

（2）通过划拨方式获取国有土地使用权

国有土地使用权划拨，是指县级以上人民政府依法批准，在土地使用者缴纳补偿、安置等费用后将该土地交付其使用，或者将土地使用权无偿交付给土地使用者使用的行为。国家对划拨用地有着严格的规定，下列建设用地，经县级以上人民政府依法批准可以以划拨方式取得：1）国家机关用地和军事用地；2）城市基础设施用地和公益事业用地；3）国家重点扶持的能源、交通、水利等基础设施用地；4）法律、行政法规规定的其他用地。

2. 建设用地取得的费用

建设用地如通过行政划拨方式取得，则需承担征地补偿费用或对原用地单位或个人的拆迁补偿费用；若通过市场机制取得，则不但承担以上费用，还需向土地所有者支付有偿使用费，即土地出让金。

（1）征地补偿费用

征地补偿费用，是指建设项目通过划拨方式取得无限期的土地使用权，依照《中华人民共和国土地管理法》等规定所支付的费用。其总和一般不得超过被征土地年产值的30倍，土地年产值则按该地被征用前3年的平均产量和国家规定的价格计算。具体内容如下：

1）土地补偿费。征用耕地（包括菜地）的补偿标准，为该耕地年产值的3~6倍，具体补偿标准由省、自治区、直辖市人民政府在此范围内制定。征用园地、鱼塘、藕塘、苇塘、宅基地、林地、牧场、草原等的补偿标准，由省、自治区、直辖市人民政府制定。征收无收益的土地，不予补偿。

2）青苗补偿费和被征用土地上的房屋、水井、树木等附着物补偿费。这些补偿费的标准由省、自治区、直辖市人民政府制定。征用城市郊区的菜地时，还应按照有关规定向国家缴纳新菜地开发建设基金。

3）安置补助费。征用耕地、菜地的，每个农业人口的安置补助费为该地每亩年产值的2~3倍，每亩耕地的安置补助费最高不得超过其年产值的10倍。

4）缴纳的耕地占用税或城镇土地使用税、土地登记费及征地管理费等。县市土地管理机关从征地费中提取土地管理费的比率，要按征地工作量大小，视不同情况，在1%~4%幅度内提取。

5）征地动迁费，包括征用土地上的房屋及附属构筑物、城市公共设施等拆除、迁建补偿费、搬迁运输费，企业单位因搬迁造成的减产、停工损失补贴费、拆迁管理费等。

6）水利水电工程水库淹没处理补偿费，包括农村移民安置迁建费，库区工矿企业、交通、电力、通信、广播、管网、水利等的恢复、迁建补偿费，库底清理费，防护工程费，环境影响补偿费等。

（2）拆迁补偿费用

在城市规划区内国有土地上实施房屋拆迁，拆迁人应当对被拆迁人给予补偿、安置。拆迁补偿的方式可以实行货币补偿，也可以实行房屋产权调换。而搬迁、安置补助费是拆迁人对被拆迁人或者房屋承租人支付搬迁补助费，搬迁补助费和临时安置补助费的标准由省、自治区、直辖市人民政府规定。

3. 出让金、土地转让金

土地使用权出让金为用地单位向国家支付的土地所有权收益，出让金标准一般参考城市基准地价并结合其他因素制定。基准地价由市土地管理局会同市物价局、市国有资产管理局、市房地产管理局等部门综合平衡后报市级人民政府审定通过，它以城市土地综合定级为基础，用某一地价或地价幅度表示某一类别用地在某一土地级别范围的地价，以此作为土地使用权出让价格的基础，依照《中华人民共和国城镇国有使用权出让和转让暂行条例》规定，支付的土地使用权出让金。

（1）明确国家是城市土地的唯一所有者，并分层次、有偿、有限期地出让、转让城市土地。第一层次是城市政府将国有土地使用权让给用地者，该层次由政府垄断经营。出让对象可以是有法人资格的企事业单位，也可以是外商。第二层次及以下层次的转让则发生在使用者之间。

（2）城市土地的出让和转让可采用协议、招标、公开拍卖等方式。

1）协议方式是由用地单位申请，经市政府批准同意后双方洽谈具体地块及地价。该方式适用于市政工程、公益事业用地及需要减免地价的机关、部队用地和需要重点扶持、优先发展的产业用地。

2）招标方式是在规定的时限内，用地单位以书面形式投标，市政府根据投标报价、所提供的规划方案及企业信誉综合考虑，择优采用。该方式适用于一般工程建设用地。

3）公开拍卖是指在指定的地点和时间，由申请用地者叫价应价，价高者得。这完全是由市场竞争决定，适用于盈利高的行业用地。

（3）在有偿出让和转让土地时，政府对地价不做统一规定，但应坚持以下原则：

1）地价对目前的投资环境不产生大的影响；

2）地价与当地的社会经济承受能力相适应；

3）地价要考虑已投入的土地开发费用、土地市场供求关系、土地用途和使用年限。

（4）关于政府有偿出让土地使用权的年限，各地可根据时间、区位等各种条件做不同的规定，一般可在30~50年之间。按照地面附属建筑物的折旧年限来看，以50年为宜。

（5）土地有偿出让和转让，土地使用者和所有者要签约，明确使用者对土地享有的权利和对土地所有者应承担的义务。

1）有偿出让和转让使用权，要向土地受让者征收契税；

2）转让土地如有增值，要向转让者征收土地增值税；

3）在土地转让期间，国家要区别不同地段，不同用途向土地使用者收取土地占用费。

二、与项目建设有关的其他费用

1. 建设单位管理费

建设单位管理费是指建设项目从立项、筹建、建设、联合试运转、竣工验收交付使用及后评估等全过程管理所需费用。内容如下：

（1）建设单位开办费指新建项目为保证筹建和建设工作正常进行所需办公设备、生活家具、用具、交通工具等购置费用。

（2）建设单位经费包括工作人员的基本工资、工资性补贴、职工福利费、劳动保护费、劳动保险费、办公费、差旅交通费、工会经费、职工教育经费、固定资产使用费、工具用具使用费、技术图书资料费、生产人员招募费、工程招标费、合同契约公证费、工程质量监督检测费、工程咨询费、法律顾问费、审计费、业务招待费、排污费、竣工交付使用清理及竣工验收费、后评估等费用。不包括应计入设备、材料预算价格的建设单位采购及保管设备材料所需的费用。

建设单位管理费按照单项工程费用之和（包括设备、工器具购置费和建筑安装工程费用）乘以建设单位管理费率计算。

建设单位管理费率按照建设项目的不同性质、不同规模确定。有的建设项目按照建设工期和规定的金额计算建设单位管理费。

2. 可行性研究费

可行性研究费是指在工程项目投资决策阶段，依据调研报告对有关建设方案、技术方案或生产经营方案进行的技术经济论证，以及编制、评审可行性研究报告所需的费用。此项费用应依据前期研究委托合同计列，或参照《国家计委关于印发〈建设项目前期工作咨询收费暂行规定〉的通知》（计投资〔1999〕1283 号）规定计算。

3. 研究试验费

研究试验费是指为建设项目提供或验证设计数据、资料等进行必要的研究试验及按照相关规定在建设过程中必须进行试验验证所需的费用，包括自行或委托其他部门研究试验所需人工费、材料费、试验设备及仪器使用费等。这项费用按照设计单位根据本工程项目的需要提出的研究试验内容和要求计算。在计算时要注意不应包括以下项目：应由科技三项费用（新产品试制费、中间试验费和重要科学研究补助费）开支的项目；应在建筑安装费用中列支的施工企业对建筑材料、构件和建筑物进行一般鉴定、检查所发生的费用及技术革新的研究试验费；应由勘察设计费或工程费用中开支的项目。

4. 勘察设计费

勘察设计费是指为本建设项目提供项目建议书、可行性研究报告及设计文件等所需费用，内容如下：

（1）编制项目建议书、可行性研究报告及投资估算、工程咨询、评价及为编制上述文件所进行勘察、设计、研究试验等所需费用；

（2）委托勘察、设计单位进行初步设计、施工图设计及概预算编制等所需费用；

（3）在规定范围内由建设单位自行完成的勘察、设计工作所需费用。

勘察设计费中，项目建议书、可行性研究报告按国家颁布的收费标准计算；设计费按国家颁布的工程设计收费标准计算；勘察费一般民用建筑 6 层以下的按 3~5 元 / m^2 计算，高层建筑按 8~ 10 元 /m^2 计算，工业建筑按 10~ 12 元 /m^2 计算。

5. 环境影响评价费

环境影响评价费是指按照《中华人民共和国环境保护法》《中华人民共和国环境影响

评价法》等规定。在工程项目投资决策过程中，对其进行环境污染或影响评价所需的费用，包括编制环境影响报告书（含大纲）、环境影响报告表及对环境影响报告书（含大纲）、环境影响报告表进行评估等所需的费用。此项费用可参照《关于规范环境影响咨询收费有关问题的通知》（计价格〔2002〕125号）规定计算。

6. 劳动安全卫生评价费

劳动安全卫生评价费是指按照劳动部《建设项目（工程）劳动安全卫生监察规定》和《建设项目（工程）劳动安全卫生预评价管理办法》的规定，在工程项目投资决策过程中，为编制劳动安全卫生评价报告所需的费用。其包括编制建设项目劳动安全卫生预评价大纲和劳动安全卫生预评价报告书，以及为编制上述文件所进行的工程分析和环境现状调查等所需费用。

7. 场地准备及临时设施费

建设项目场地准备费是指为使工程项目的建设场地达到开工条件，由建设单位组织进行的场地平整等准备工作而发生的费用。建设单位临时设施费是指建设单位为满足工程项目建设、生活、办公的需要，用于临时设施建设、维修、租赁、使用所发生或摊销的费用。此项费用不包括已列入建筑安装工程费用中的施工单位临时设施费用。

8. 引进技术和引进设备其他费

引进技术及进口设备其他费用，包括出国人员费用、外国工程技术人员来华费用、技术引进费、分期或延期付款利息、担保费及进口设备检验鉴定费。

（1）出国人员费用

出国人员费用指为引进技术和进口设备派出人员在国外培训和进行设计联络，设备检验等的差旅费、制装费、生活费等。这项费用根据设计规定的出国培训和工作的人数、时间及派往国家，按财政部、外交部规定的临时出国人员费用开支标准及中国民用航空公司现行国际航线票价等进行计算，其中使用外汇部分应计算银行财务费用。

（2）国外工程技术人员来华费用

国外工程技术人员来华费用指为安装进口设备、引进外国技术等聘用国外工程技术人员进行技术指导工作所发生的费用。其包括技术服务费、外国技术人员的在华工资、生活补贴、差旅费、住宿费、交通费、宴请费、参观游览等招待费用。这项费用按每人每月费用指标计算。

（3）技术引进费

技术引进费指为引进国外先进技术而支付的费用，包括专利费、专有技术费（技术保密费）、国外技术及技术资料费、计算机软件费等。这项费用根据合同或协议的价格计算。

（4）分期或延期付款利息

分期或延期付款利息指利用出口信贷引进技术或进口设备采取分期或延期付款的办法所支付的利息。

（5）担保费

担保费指国内金融机构为买方出具保函的担保费。这项费用按有关金融机构规定的担保费率计算（一般可按承保金额的5‰计算）。

（6）进口设备检验鉴定费用

进口设备检验鉴定费用指进口设备按规定付给商品检验部门的进口检验鉴定费。这项费用按进口设备货价的3‰~5‰计算。

9. 工程承包费

工程承包费是指具有总承包条件的工程公司，对工程建设项目从开始建设至竣工投产全过程的总承包所需的管理费用。其具体内容包括组织勘察设计、设备材料采购、非标设备设计制造与销售、施工招标、发包、工程预决算、项目管理、施工质量监督、隐蔽工程检查、验收和试车直至竣工投产的各种管理费用。该费用按国家主管部门或省、自治区、直辖市协调规定的工程总承包费取费标准计算。如无规定，一般工业建设项目为投资估算的6%~8%，民用建筑（包括住宅建设）和市政项目为4%~6%。不实行工程承包的项目不计算本项费用。

10. 工程保险费

工程保险费是指建设项目在建设期间根据需要实施工程保险所需的费用。工程保险费包括以各种建筑工程及其在施工过程中的物料、机器设备为保险标的的建筑工程一切险，以安装工程中的各种机器、机械设备为保险标的的安装工程一切险，以及机器损坏保险等。根据不同的工程类别，分别以建筑、安装工程费乘以建筑、安装工程保险费率计算。民用建筑（住宅楼、综合性大楼、商场、旅馆、医院、学校）占建筑工程费的2‰~4‰；其他建筑（工业厂房、仓库、道路、码头、水坝、隧道、桥梁、管道等）占建筑工程费的3‰~6‰；安装工程（农业、工业、机械、电子、电器、纺织、矿山、石油、化学及钢铁工业、钢结构桥梁）占建筑工程费的3‰~6‰。

11. 特殊设备安全监督检验费

特殊设备安全监督检验费是指安全监察部门对在施工现场组装的锅炉及压力容器、压力管道、消防设备、燃气设备、电梯等特殊设备和设施实施安全检验收取的费用。此项费用按照建设项目所在省（自治区、直辖市）安全国家监察委员会的规定标准计算。无具体规定的，在编制投资估算和概算时可按受检设备现场安装费的比例估算。

12. 市政公用设施费

市政公用设施费是指使用市政公用设施的工程项目，按照项目所在地省级人民政府有关规定建设或缴纳的市政公用设施建设配套费用，以及绿化工程补偿费用。此项费用按工程所在地人民政府的规定标准计列。

13. 供电贴费

供电贴费是指建设项目按照国家规定应交付的供电工程贴费、施工临时用电贴费，是解决电力建设资金不足的临时对策。供电贴费是用户申请用电时，由供电部门统一规划并负责建设的110kV以下各级电压外部供电工程的建设、扩充、改建等费用的总称。供电贴费只能用于为增加或改善用户用电而必须新建、扩建和改善的电网建设以及有关的业务支出，由建设银行监督使用，不得挪作他用。这项费用按工程项目所在地供电部门现行规定计算。

14. 施工机构迁移费

施工机构迁移费是指施工机构根据建设任务的需要，经有关部门决定成建制地（指公司或公司所属工程处、工区）由原驻地迁移到另一个地区一次性搬迁费用。费用内容包括：职工及随同家属的差旅费，调迁期间的工资和施工机械、设备、工具、用具、周转性材料的搬运费。这项费用按建安工程费的0.5%~1%计算。

三、与未来生产经营有关的其他费用

1. 联合试运转费

联合试运转费是指新建或新增加生产能力的工程项目，在交付生产前按照设计文件规定的工程质量标准和技术要求，对整个生产线或装置进行负荷联合试运转所发生的费用净支出（试运转支出大于收入的差额部分费用）。试运转支出包括试运转所需原材料、燃料及动力消耗、低值易耗品、其他物料消耗、工具用具使用费、机械使用费、保险金、施工单位参加试运转人员工资以及专家指导费等；试运转收入包括试运转期间的产品销售收入和其他收入。联合试运转费不包括应由设备安装工程费用开支的调试及试车费用，以及在试运转中暴露出来的因施工原因或设备缺陷等发生的处理费用。

2. 专利及专有技术使用费

专利及专有技术使用费的主要内容包括：国外设计及技术资料费，引进有效专利、专有技术使用费和技术保密费；国内有效专利、专有技术使用费；商标权、商誉和特许经营权费等。

3. 生产准备及开办费

该费用是指在建设期内，建设单位为保证项目正常生产而发生的人员培训费、提前进厂费以及投产使用必备的办公、生活家具用具及工器具等的购置费用。生产准备费一般根据需要培训和提前进厂人员的人数及培训时间按生产准备费指标进行估算；办公和生活家具及工器具等的购置费用是按照设计定员人数乘以综合指标计算或按各部门人数计算。

费用内容包括：

（1）生产人员培训费，包括自行培训、委托其他单位培训的人员工资、工资性补贴、职工福利费、差旅交通费、学习资料费、学习费、劳动保护费等。

（2）生产单位提前进厂参加施工、设备安装、调试等以及熟悉工艺流程及设备性能等人员的工资、工资性补贴、职工福利费、差旅交通费、劳动保护费等。

生产准备费一般根据需要培训和提前进厂人员的人数及培训时间按生产准备费指标进行估算。

应该指出，生产准备费在实际执行中是一笔在时间上、人数上、培训深度上很难划分的活口很大的支出，要严格加以控制。

第五节　预备费贷款利息、投资方向调节税

一、预备费

按我国现行规定，预备费包括基本预备费和价差预备费。

1. 基本预备费

基本预备费是指在初步设计及概算内难以预料的、在项目实施中可能发生的、需要事先预留的工程费用，又称工程建设不可预见费。其内容包括：

（1）在批准的初步设计范围内，技术设计、施工图设计及施工过程中所增加的工程费用；设计变更、局部地基处理等增加的费用。

（2）一般自然灾害造成的损失和预防自然灾害所采取的措施费用。实行工程保险的工程项目费用应适当降低。

（3）竣工验收时为鉴定工程质量对隐蔽工程进行必要的挖掘和修复的费用。

基本预备费按设备及工具、器具购置费，建筑安装工程费用和工程建设其他费用三者之和为计取基础，乘以基本预备费率进行计算。

基本预备费 =（设备及工具、器具购置费 + 建筑安装工程费用 + 工程建设其他费用）× 基本预备费率

基本预备费 =（工程费 + 工程建设其他费）× 基本预备费率

基本预备费率的取值应执行国家及部门的有关规定，一般为 5% ~ 8%。

2. 价差预备费

价差预备费是指针对建设项目在建设期内由于材料、人工、设备等价格可能发生变化引起工程造价变化而事先预留的费用，亦称为价格变动不可预见费。价差预备费的内容包括：人工、设备、材料、施工机械的价差费，建筑安装工程费及工程建设其他费用调整，利率、汇率调整等增加的费用。

3. 涨价预备费

涨价预备费是指建设项目在建设期内由于价格等变化引起工程造价变化的预测预留的费用，又称价格变动不可预见费。费用内容包括：人工、设备、材料、施工机械的价差费，建筑安装工程费及工程建设其他费用调整，利率、汇率调整等增加的费用。

涨价预备费的测算方法，一般根据国家规定的投资综合价格指数，按估算年份价格水平的投资额为基数，采用复利方法计算。

二、建设期利息

建设期利息包括向国内银行和其他非银行金融机构贷款、出口信贷、外国政府贷款、国际商业银行贷款以及在境内外发行的债券等在建设期应偿还的借款利息。当总贷款是分年均衡发放时，建设期利息的计算可按当年借款在年中支用考虑。即当年贷款按半年计息，上年贷款按全年计息。

国外贷款利息的计算中，还应包括国外贷款银行根据贷款协议向贷款方以年利率的方式收取的手续费、管理费、承诺费以及国内代理机构经国家主管部门批准的以年利率的方式向贷款单位收取的转贷费、担保费、管理费等。

三、固定资产投资方向调节税

为了贯彻国家产业政策，控制投资规模，引导投资方向，调整投资结构，加强重点建设，促进国民经济持续稳定协调发展，对我国境内进行固定资产投资的单位和个人（不含中外合资经营企业、中外合作经营企业和外商独资企业）征收固定资产投资方向调节税。自2000年1月1日起新发生的投资额，暂停征收固定资产投资方向调节税，但并未取消。

1. 税率

投资方向调节税根据国家产业政策和项目经济规模实行差别税率，税率为0、5%、10%、15%、30%五个档次。差别税率按两大类设计：一是基本建设项目投资；二是更新改造项目投资。对前者设计了四档税率，即0、5%、15%、30%；对后者设计了两档税率，即0、10%。

（1）基本建设项目投资适用的税率

1）国家急需发展的项目投资，如农业、林业、水利、能源、交通、通信、原材料、科教、地质、勘探、矿山开采等基础产业和薄弱环节的部门项目投资，适用零税率。

2）对国家鼓励发展但受能源、交通等制约的项目投资，如钢铁、化工、石油、水泥等部分重要原材料项目，以及一些重要机械、电子、轻工工业和新型建材的项目，实行5%的税率。

3）为配合住房制度改革，对城乡个人修建、购买住宅的投资实行零税率；对单位修建、购买一般性住宅投资，实行5%的低税率；对单位用公款修建、购买高标准独门独院、别墅式住宅投资，实行30%的高税率。

4）对楼堂馆所以及国家严格限制发展的项目投资，课以重税，税率为30%。

5）对不属于上述四类的其他项目投资，实行中等税负政策，税率为15%。

（2）更新改造项目投资适用的税率

1）为了鼓励企事业单位进行设备更新和技术改造，促进技术进步，对国家急需发展的项目投资予以扶持，适用零税率；对单纯工艺改造和设备更新的项目投资，适用零税率。

2）对不属于上述提到的其他更新改造项目投资，一律适用10%的税率。

2. 计税依据

投资方向调节税以固定资产投资项目实际完成投资额为计税依据。实际完成投资额包括：设备及工器具购置费、建筑安装工程费、工程建设其他费用及预备费。但更新改造项目以建筑工程实际完成的投资额为计税依据。

3. 计税方法

首先，确定单位工程应缴税资的计算基数，即不含税工程造价。当采用工料单价法时，不含税工程造价为直接费、间接费与利润之和；当采用综合单价法时，不含税工程造价由分部分项工程费、措施项目费、其他项目费以及规费组成。其次，根据工程的性质及划分的单位工程情况，确定单位工程的适用税率。最后，计算各个单位工程应纳的投资方向调节税税额并且将各个单位工程应纳的税额汇总，即得出整个项目的应纳税额。

4. 缴纳方法

投资方向调节税按固定资产投资项目的单位工程年度计划投资额预缴，年度终了后，按年度实际完成投资额结算，多退少补。项目竣工后，按应征收投资方向调节税的项目及其单位工程的实际完成投资额进行清算，多退少补。

投资方向调节税是国家对我国固定资产投资宏观调控的手段。国家会根据产业政策、国民经济发展等实际情况，适时做出调整。如目前，我国固定资产投资方向调节税暂定为零税率。

第三章　建筑工程造价的确定与控制

第一节　概述

在市场经济条件下，确定合理的工程造价，要有科学的工程造价依据和方法。在现行的工程造价管理体制下，有两种确定工程造价的方法，即定额计价法和工程量清单计价法。定额计价法在我国已沿用了几十年，工程建设定额的科学性、系统性、统一性、权威性以及时效性是用定额计价法确定工程造价的根本保证。2012 年 12 月 25 日，住房和城乡建设部发布了《建设工程工程量清单计价规范》，确定了工程量清单的计价方法。采用这种方法投标企业可以结合自身的生产效率、消耗水平和管理能力与已储备的本企业报价资料投标报价，工程造价由承发包双方在市场竞争中按价值规律通过合同确定。但这两种方法也不是完全孤立的，二者有密切的联系。

一、工程造价的确定方法

（一）定额计价法

建筑工程定额计价是指采用预算定额或综合定额中的定额单价进行工程计价的模式。它根据各地建设主管部门颁布的预算定额或综合定额中规定的工程量计算规则、定额单价和取费标准等，按照计量、套价、取费的方式进行计价。

建筑工程定额计价模式在我国应用有较长的历史，按这种计价模式计算出的工程造价反映了一定地区和一定时期建设工程的社会平均价值，可以作为考核固定资产建造成本、控制投资的直接依据。但预算定额是按照计划经济的要求制定、发布、贯彻执行的，工、料、机的消耗量是根据“社会平均水平”综合测定的，费用标准是根据不同地区平均测算的，因此企业报价时就会表现为平均主义，企业不能结合项目具体情况、自身技术管理水平自主报价，不能充分调动企业加强管理的积极性，也不能充分体现市场公平竞争。

（二）工程量清单计价法

工程量清单计价是改革和完善工程价格的管理体制的一个重要的组成部分。工程量清单计价法相对于传统的定额计价方法而言是一种全新的计价模式，或者说是一种市场定价模式，是由建筑产品的买方和卖方在建筑市场上根据供求状况、信息状况进行自由竞价，从而最终能够签订工程合同价格的方法。在工程量清单的计价过程中，工程量清单为建筑市场的交易双方提供了一个平等的平台，其内容和编制原则的确定是整个计价方式改革中的重要工作。

招标投标实行工程量清单计价，是指招标人公开提供工程量清单、投标人自主报价或招标人编制标底及双方签订合同价款、工程竣工结算等活动。工程量清单计价价款，应包括完成招标文件规定的工程量清单项目所需的全部费用。即包括分部分项工程费、措施项目费、其他项目费和规费、税金；完成每项分项工程所含全部工程内容的费用；完成每项工程内容所需的全部费用（规费、税金除外）；工程量清单项目中没有体现的，施工中又必须发生的工程内容所需的费用；考虑风险因素而增加的费用。

二、工程造价计价依据

确定合理的工程造价，要有科学的工程造价依据。在市场经济条件下，工程造价的依据会变得越来越复杂，但其必须具有信息性、定性描述清晰、便于计算、符合实际。只有掌握和收集大量的工程造价依据资料，才会有利于更好地确定和控制工程造价，从而提高投资的经济效益。

工程造价计价依据的内容包括：

1. 计算设备数量和工程量的依据包括：可行性研究资料、初步设计、扩大初步设计、施工图设计的图纸和资料、工程量计算规则、施工组织设计或施工方案等。

2. 计算分部分项工程人工、材料、机械台班消耗量及费用的依据包括：概算指标、概算定额、预算定额、人工费单价、材料预算单价、机械台班单价、企业定额、市场价格。

3. 计算建筑安装工程费用的依据是其他直接费定额和现场经费定额、间接费定额、计划利润率、价格指数。

4. 计算设备费的依据包括设备价格和运杂费率等。

5. 建设工程工程量清单计价规范。

6. 计算工程建设其他费用的依据包括用地指标、各项工程建设其他费用定额等。

7. 计算造价相关的法规和政策包括在工程造价内的税种、税率；与产业政策、能源政策、环境政策、技术政策和土地等资源利用政策有关的取费标准、利率和汇率及其他计价依据。

三、工程造价的计价特征

工程造价的特点，决定了工程造价的计价特征。了解这些特征，对工程造价的确定与控制是非常必要的。它也涉及工程造价相关的一些概念。

1. 单件性计价特征

产品的个体差异性决定每项工程都必须单独计算造价。

2. 多次性计价特征

建设工程周期长、规模大、造价高，因此按建设程序要分阶段进行，相应地也要在不同阶段多次性计价，以保证工程造价确定与控制的科学性。多次性计价是以你个逐步深化、逐步细化和逐步接近实际造价的过程。其过程一般包括投资估算、概算造价、修正概算造价、预算造价、合同价、结算价及最终的实际造价。多次性计价是一个由粗到细、由浅入深、由概略到精确的计价过程。

3. 组合性特征

工程造价的计算是分步组合而成的。这一特征和建设项目的组合性有关。一个建设项目是一个工程综合体。这个综合体可以分解为许多有内在联系的独立和不能独立工程。建设项目的这种组合性决定了计价的过程是一个逐步组合的过程。这一特征在计算概算造价和预算造价时尤为明显，所以也反映到合同价和结算价。其计算过程是：分部分项工程单价→单位工程造价→单项工程造价→建设项目总造价。

4. 方法的多样性特征

适应多次性计价有各不相同计价依据，以及对造价的不同精确度要求，计价方法有多样性特征。计算和确定概、预算造价有两种基本方法，即单价法和实物法。计算和确定投资估算的方法有设备系数法、生产能力指数估算法等。不同的方法利弊不同，适应条件也不同，所以计价时要加以选择。

5. 依据的复杂性特征

由于影响造价的因素多，计价依据复杂、种类繁多。计价依据主要可分为七类：

（1）计算设备和工程量依据，包括项目建议书、可行性研究报告、设计文件等。

（2）计算人工、材料、机械等实物消耗量的依据，包括投资估算指标、概算定额、预算定额等。

（3）计算工程单价的价格依据，包括人工单价、材料价格、材料运杂费、机械台班费等。

（4）计算设备单价依据，包括设备原价、设备运杂费、进口设备关税等。

（5）计算其他直接费、现场经费、间接费和工程建设其他费用的依据，主要是相关的费用定额和指标。

（6）政府规定的税、费。

（7）物价指数和工程造价指数。

工程造价计价依据的复杂性不仅使计算过程复杂，而且要求计价人员熟悉各类依据，并加以正确理解和运用。

第二节　定额计价方法

以施工图预算为例，说明定额计价的方法。

施工图预算是按照国家或地区的统一预算定额、单位估价表、约定费用标准等有关文件的规定，进行编制和确定的单位工程造价的技术经济文件。

施工图预算是在施工图设计完成后、工程开工前，根据已批准的施工图纸，在施工组织设计或施工方案已确定的前提下，按照国家或地区现行的统一预算定额、单位估价表、合同双方约定的费用标准等有关文件的规定，进行编制和确定单位工程造价的技术经济文件。

施工图预算是建筑产品计划价格，它是在按照预算定额的计算规则分别计算分部分项工程量的基础上，逐项套用预算定额基价或单位估价表，然后累计其直接工程费，并计算其措施费、间接费、利润、税金，汇总出单位工程造价，同时做出工料分析。

一、施工图预算的编制依据及作用

1. 施工图预算的编制依据

（1）施工图纸、说明书和相关的标准图集：它们是划分工程项目和计算分项工程量的主要依据。

（2）已审批的施工组织设计或施工方案：施工组织设计是确定单位工程进度计划、施工方法或主要技术措施，以及施工现场平面布置等内容的文件。它确定了土方的开挖方法、土方运输工具及运距、余土或缺土的处理；钢筋混凝土构件、木结构构件、金属构件是现场制作还是预制加工厂制作，运距多少；构件吊装的施工方法、采用何种大型机械、机械的进出场次数等。这些资料都是编制预算不可缺少的依据。

（3）现行预算定额及单位估价表：预算定额是编制预算时确定各分项工程的工程量，计算工程直接费，确定人工、材料、机械台班等实物消耗量的主要依据。预算定额中所规定的工程量计算规则、计量单位、分项工程内容及有关说明，是编制预算时计算工程量的主要依据。单位估价表中的基价是由人工费、材料费、机械台班费用构成的，材料费用在工程成本中占有很大比重，一般建筑工程材料费占成本的65%左右，安装工程占80%左右，尤其在市场经济条件下，材料价格随市场的变化而发生较大的波动。因此，合理地确定材料、人工、机械台班的市场价格，是编制施工图预算的基础。

（4）费用定额和有关调价规定：取费标准即国家或地区、行业的费用定额，费用定额规定了直接费、间接费、利润、税金的费率及计算的依据和程序。

（5）工程承包合同或协议：施工企业与建设单位签订的合同或协议是双方必须遵守

和履行的文件，在合同中明确了施工的范围、内容，从而决定施工图预算各分部工程的构成。因此，合同或协议也是编制施工图预算的依据。

（6）工具书和预算员工作手册：工具书、工作手册包括计算各种构件面积和体积的公式，钢材、木材等各种材料规格型号及单位用量数据，金属材料重量表，特殊断面（如砖基础大放脚、屋架杆件长度系数等）结构构件工程量速算方法等。

2. 施工图预算的作用

（1）施工图预算是设计阶段控制工程造价的重要环节，是控制施工图设计不突破设计概算的重要措施。

（2）施工图预算是确定最终工程造价的基本依据。最终工程造价都是在施工图预算的基础上经过适当的变化和调整后形成的。

（3）施工图预算是建设银行拨付工程价款的依据。建设银行根据施工图预算按时定期将甲方银行存款拨给乙方，并监督甲乙双方按照工程价款结算办法办理工程价款结算，保证工程施工的顺利进行。

（4）施工图预算是施工企业进行（施工图预算与施工预算）对比和加强成本管理的依据。施工企业根据“两算”对比情况，分析节约和亏损原因，采取措施降低成本，提高经济效益。

二、施工图预算的编制步骤

1. 编制施工图预算的准备工作

（1）收集、整理和审核施工图纸

在编制预算之前，必须充分熟悉施工图纸，了解设计意图和工程全貌，对施工图中存在的问题要同设计单位协商，应把设计中的错误、疑点消除在编制预算之前。一般按以下顺序进行：

1）整理施工图纸。建筑工程施工图纸，应按图纸目录的顺序排列。一般为全局性图纸在前，局部性图纸在后；先施工的在前，后施工的在后；重要图纸在前，次要图纸在后。整理完后把目录放在首页，一并装订成册。

2）核对图纸是否齐全。按图纸目录核对施工图纸是否齐全。

3）阅读和审核施工图：

①识读图纸的顺序及要求：

A. 总平面图。了解新建工程的位置、坐标、标高、等高线，地上、地下障碍物，地形、地貌等情况。

B. 建筑施工图。它包括各层平面、立面、剖面、楼梯详图，特殊房间布置等，要核对其室内开间、进深、高度、檐高、屋面泛水、坡度、建筑配件细部等尺寸有无矛盾，要逐层逐间核对。

C. 基础平面图。掌握基础工程的做法、基础槽底标高、计算尺寸、管道及其他布置等情况，并结合节点大样、首层平面图，核对轴线、基础墙身、楼梯基础等部位的尺寸。

D. 结构施工图。结构施工图包括各层平面图、节点大样、结构部件及梁（板、柱）配筋图等。结合建筑平（立、剖）面图，对结构尺寸、总长、总高、分段长、分层高、大样详图、节点标高、构件规格数量等数据进行核算。有关构件间的标高和尺寸必须交圈对口，以免发生差错。

总之，通过熟悉图纸，要达到对该项建筑物的全部构造、构件连接、材料做法、装饰要求及特殊装饰等，都有一个清晰的认识，把设计意图形成立体概念，为编制工程预算创造条件。

②阅读和审核图纸应注意的问题：

A. 该单项工程与建筑总平面图、各种图纸，图纸与说明等相互间有无矛盾和错误。

B. 各分项工程（或结构构件）的构造、尺寸和规定的材料、品种、规格以及它们互相间的关系是否相符。

C. 门窗及混凝土构件表与图示的规格、数量是否相符。

D. 详图、说明、尺寸、符号是否齐全。

E. 图纸中结构、构造上是否有逻辑性的错误。例如，对于同一部位，在节点图、剖面图或立面图中所示的做法不一致等。

F. 施工图上是否有标注得不够清楚的地方。例如，尺寸标高不清、使用材料不清、施工做法不清等。

4）设计交底和图纸会审。施工单位在熟悉和目审图纸的基础上，参加由建设单位组织设计单位和施工单位共同进行设计交底的图纸会审会议。

预算人员参加图纸会审时，应注意：

①阅读施工图过程中所发现图纸中的问题，或不清楚之处，请设计单位及时解决；

②了解有无设计变更的内容；

③了解工程的特点和施工要求。

（2）收集、熟悉定额的相关资料

在编制预算前，主要收集预算定额、单位价格表、费用定额。熟悉预算定额的分部分项工程划分方法，以便正确地将项目分解使之与定额子目一一对应；熟悉各分项工程包含的工作内容，以便正确选用定额、换算定额和补充定额；熟悉工程量计算规则，以便正确计算工程量，从而提高预算文件的正确性；熟悉单位估价表和费用定额的计算基础，以便合理计算预算造价。

（3）熟悉施工组织设计或施工方案的有关内容

在编制预算时，应了解熟悉施工组织设计中影响工程预算造价的有关内容，如施工方法和施工机械的选择、构（配）件的加工和运输方式等。

如果施工图预算与施工组织设计或施工方案同时进行编制时，可将预算方面需要解决的问题，提请有关部门先行确定。若某些工程没有编制施工组织设计或施工方案，则应把预算方面需要解决的问题向有关人员了解清楚，使预算反映工程实际，从而提高预算编制质量。

（4）了解其他有关情况

1）了解设计概算书的内容及概算造价。概算是控制施工图预算的依据，在编制施工图预算前，应先对概算造价以及分部分项工程的内容有初步的了解。

2）了解施工现场情况。要编制出符合施工实际的施工图预算，还必须了解施工现场情况。例如，自然地面标高与设计标高是正差还是负差；工程地质及水文地质的现场勘探情况；水源、电源及交通运输情况等。凡是属于建设单位责任范围内而未能及时解决的，并且建设单位委托施工单位代处理的，施工单位应单独编制预算或办理经济签证，据以向建设单位收取费用。

3）了解工程承包合同的有关条款。这一步主要了解工程承包范围、承包方式、结算方式和方法、材料供应方式、材料价差的计算内容和方法等。对于建设单位及造价审查单位，还应了解施工企业的性质、级别等。

2. 工程量计算

（1）分解工程、列分项项目

在熟悉施工图纸和预算定额的基础上，根据预算定额的分部分项工程划分方法，将本工程分解并列出分项工程名称，即将施工图反映的工程内容，用预算定额分项工程名称表达，这个过程也称为列项目。列项目要求做到不重复、不遗漏，对于定额中没有而施工图中有的项目，应做补充定额。列项目一般按定额中分部分项工程的排列顺序进行。

（2）计算工程量

工程量是施工图预算的主要基础数据，应按预算定额规定的计算规则，认真、仔细计算，要求做到不遗漏、不重复，同时便于校对和审核。

3. 选用定额并确定工、料、机单价和费用标准

（1）选用定额

工程量计算完毕并经汇总、校对无误后，便可选用定额，俗称套定额。选用定额时，要分析定额项目工作内容与实际工作内容是完全吻合、部分吻合还是本身定额缺项。然后根据定额说明分别采取“对号入座”“强行入座”“生搬硬套”或换算定额或补充定额。

（2）确定人工、材料、机械台班单价

根据工程进度计划、目前市场价格信息及价格趋势，确定人工、材料和机械台班的单价。

（3）确定费用标准

费用标准即为除直接费以外的费用计算所需的费率标准。它包括间接费、利润和税金等费率。在传统的静态计算工程造价模式中，费率是按照费用定额（根据企业性质或项目类别由定额管理部门编制）确定的，在“控制量、指导价、竞争费”的半静态计价模式下，费率由甲乙双方在合同谈判时协商确定；费率与人工、材料和机械台班单价一样，也是编

制预算的价格依据。

4. 编制工程预算书及复核、装订签章

（1）编制工程预算书

目前预算书的编制工作一般由电脑来完成，其操作步骤如下：

1）逐项输入定额编号（套定额）——电脑显示分项工程名称及其计量单位。

2）逐项输入工程量——电脑自动进行工料分析。

3）逐项输入人工、材料、机械台班单价（填单价）——电脑自动编制出单位估价表，并且计算汇总出直接费。

4）逐项输入间接费、利润、税金的费用标准——电脑自动计算出间接费、利润、税金（俗称滚费率），并且汇总造价。

5）电脑自动生成（显示）费用表（总造价），预算书（直接费），工、料、机消耗量表和技术经济指标（平方米造价）等。

6）编辑工程概况、编制说明和封面，编制说明无统一的内容和格式，但一般应包括以下内容：工程概况（范围），编制依据及编制中已考虑和未考虑的问题。预算书封面内容有：工程名称、工程地点、建设单位名称、设计单位名称、施工单位名称、审计单位名称、结构类型、建筑面积、预算总造价和单位建筑面积造价、预算编制单位、编制人、复核人及编制日期。

7）自我校对，确定无误后打印、装订。施工图预算经复核无误后，可装订、签章。装订的顺序一般为：封面、编制说明、预算费用表、预算表、工料机分析表、补充定额表和工程量计算表。装订可根据不同用途，详略适当，分别装订成册。在装订成册的预算书上，预算编制人员和复核人员应签字加盖有注册造价工程师资格证号的印章，经有关负责人审阅签字后加盖公章，至此完成了全部预算编制工作。

（2）复核

复核是指施工图预算编制完成后，由本部门的其他预算专业人员对预算书进行的检查、核对，以便及时发现错误、及时纠正，确保预算的准确性。复核的内容主要包括分项工程项目有无遗漏或重复，工程量有无多算、少算或错算，定额选用、换算、补充是否合适，资源要素单价、费率取值是否合理、合规等。

三、施工图预算的编制方法

一般施工图预算有单价法和实物法两种编制方法。单价法又分为工料单价法和综合单价法。

1. 工料单价法

以建筑工程为例，工料单价法可以住房和城乡建设部《全国统一建筑工程基础定额》（以下简称《基础定额》），经各省、市、自治区和地区修编后的地方基础定额以及企业自编的消耗量定额为基础。在基础定额和自编定额的基础上采用工料单价法，是可以满足目前计价实际需要的一种计算方法。

（1）工料单价法中工料单价的确定步骤

1）选择相对应的基础（地区、企业，消耗量定额子目）；

2）按市场价格取定人工、材料、机械台班价格；

3）计算相应基础（地区、企业，消耗量定额子目直接费）。

（2）工料单价法的计价程序

工料单价法是以分部分项工程量乘以单价后的合计为直接工程费，直接工程费以人工、材料、机械的消耗量及其相应价格确定。直接工程费汇总后另加间接费、利润、税金生成工程发承包价，根据住房和城乡建设部第107号部令《建筑工程施工发包与承包计价管理办法》的规定，其计算程序分为三种：

1）以直接费为计算基础。

2）以人工费和机械费为计算基础。

3）以人工费为计算基础。

2. 综合单价法

综合单价法与工料单价法相比，在使用上更直观、实用，更易控制造价，它接近市场行情，有利于竞争，有利于降低工程发包承包价格，是值得提倡的一种计价方法，也是国际上通行的一种计价方法。

（1）步骤

1）选择相应基础（地区、企业）消耗量定额子目；

2）按市场价格取定人工、材料、机械台班价格；

3）计算相应基础（地区、企业）消耗量定额子目直接费；

4）按一定比例取定其他直接费费率或加入一定幅度系数；

5）取定间接费比重，按百分比计算间接费；

6）按取定的利润率计算利润；

7）按法定的税率计取税金；

8）汇总直接费、间接费、利润、税金组合成一定计量单位的综合单价。

（2）计算式

综合单价 =（人工、材料、机械消耗量 × 相应单价）×（1+ 其他直接费率）×（1+ 间接费率）×（1+ 利润率）×（1+ 税率）

（3）综合单价法的计价程序

综合单价法是分部分项工程单价为全费用单价，全费用单价经综合计算后生成，其内容包括直接工程费、间接费、利润和税金（措施费也可按此方法生成全费用价格）。各分项工程量乘以综合单价的合价汇总后，生成工程发承包价。

由于各分部分项工程中的人工、材料、机械含量的比例不同，各分项工程可根据其材料费占人工费、材料费、机械费合计的比例计算。

3. 实物法

实物法是根据施工图纸、国家或地区颁发的预算定额计算各分项工程量；用工程量分别乘以预算定额单位计量的人工、材料、机械台班消耗量，计算出各分项工程的人工、各种材料、机械台班的数量；各分项工程的人工、材料、机械台班按照工种、材料种类和规格、机械种类规格分别汇总，得到单位工程的人工、材料、机械台班的消耗量；根据市场价格确定人工、材料、机械台班的单价，再分别乘以人工、材料、机械台班消耗量，即为单位工程的人工费、材料费、机械费，将这三项费用相加即为单位工程定额直接费。然后以单位工程定额直接费为计算基数，分别乘以地区费用定额规定的各项费率，求出该项工程的其他直接费、现场经费、间接费、利润、其他费用及税金。最后汇总以上各项费用即为工程造价。

4. 单价法与实物法比较

（1）两种编制方法的相同点

各分项工程量计算，人工、材料、机械台班消耗量计算，均由国家或地区颁发的预算定额为准，从而保证国家控制“量”的消耗。措施费、间接费、利润和税金的计算，也以地区颁发的费用定额为准，从而增加项目的可比性。

（2）两种编制方法的主要区别

1）计算直接费的方法不同。单价法是先用分项工程的工程量和预算基价计算分项工程的定额直接费，再经有关计算后汇总得直接工程费。采用这种方法计算直接费较简便，而且便于不同工程之间进行经济分析和比较。实物法是先计算、汇总得出单位工程所需的各种工、料、机消耗量，然后乘以人工、材料、机械台班单价，再汇总计算出该工程的直接费。

2）进行工料分析的目的不同。单价法是在直接费计算后进行人工、材料、机械台班分析，即计算单位工程所需的人工、材料、机械台班用量，其主要目的是为造价计算过程中进行价差调整提供数据。实物法是在计算直接费之前进行人工、材料、机械台班分析，主要是为了计算单位工程的直接费。为了保证单位工程直接费的准确、完整，人工、材料、机械台班分析必须计算单位工程所需的全部工、料、机用量。

3）单价法要进行人工费、材料费、机械费用的价差调整，而实物法不存在价差调整问题。

4）实物法编制施工图预算，实行量、价分离，能动态地反映建筑产品价格，更符合价值规律，有利于企业之间的竞争和管理。随着建筑市场的开放和价格信息系统的建立，实物法将是一种与统一“量”、指导“价”、竞争“费”工程造价管理机制相适应的行之有效的预算编制方法。

四、施工图预算编制实例

1. 计算工程量。

2. 编制施工图预算书：根据工料单价法的原理，将上述计算得到的工程量，输入预算软件自动生成各类表格。各类表格包括：施工图预算书，工、料、机明细表，费用表等一系列预算表格。

3. 利用预算软件自动生成的工、料、机明细表，套定额可得到费用表。

第三节　工程量清单计价法

一、工程量清单投标报价

工程量清单投标报价即工程量清单计价是指按招标文件规定，完成工程量清单所列项目的全部费用，包括分部分项工程费、措施项目费、其他项目费和规费、税金。按《计价规范》规定，工程量清单应采用综合单价计价。综合单价是指完成工程量清单中一个规定计量单位项目所需的人工费、材料费、机械使用费、管理费和利润，并考虑风险因素。

投标人的投标报价，应依据招标文件中的工程量清单和有关要求，结合施工现场实际情况，自行制订的施工方案或施工组织设计，依据企业状况、定额和市场价格信息，或参照建设行政主管部门发布的社会平均消耗量定额进行编制，并自主报价。

1. 工程量清单计价的特点

（1）全国统一的计算价值规则

通过《计价规范》的实施，工程量清单计价做到了四统一，即统一项目编码、统一项目名称、统一计量单位、统一工程量计算规则，达到了规范计价的目的，改变了各省、市、地区工程造价管理分散的局面。

（2）有效地控制工程消耗量标准

由政府发布的统一的社会平均建筑工程消耗量指标，为企业提供了一个社会平均尺度，避免企业在招投标竞争中，盲目地随意大幅度减少或扩大消耗量，从而达到保证工程质量的目的。

（3）实现了彻底放开价格

工程量清单计价方法中，将建筑工程人工、材料、机械台班的价格、利润和管理费用全部放开，由建筑市场的供求关系自行确定价格。

（4）建筑企业自主报价

建筑企业可以根据自身技术专长、材料采购渠道和管理水平，制定企业自己的报价定额，自主报价。企业没有报价定额的，可参考使用造价管理部门颁发的《建设工程消耗量定额》。

（5）市场有序竞争形成价格

通过建立工程量清单计价模式，引入充分竞争形成价格的机制，淡化工程标底的作用，在保证工程质量、工期的前提下，在符合国家招投标法规定的情况下，最终以“不低于成本”的合理低价者中标。

工程量清单计价的实施，有效地改善了建筑工程投资和经营环境。在全国范围内积极推进了建设工程市场价格的放开，工程造价随市场的变化而浮动，建筑市场更加透明、更加规范化，更进一步体现了投标报价中公平、公正、公开的原则，防止了暗箱操作，有利于避免腐败现象的产生。另外，由于招标的原则是合理低价中标，因此，施工企业在投标报价时要掌握一个合理的临界点，那就是既要低价中标，又要获得合理的利润。这就促使施工企业采取一切手段提高自身竞争能力，在施工中采用新技术、新工艺、新材料，努力降低成本，以便在同行中保持领先地位。

2. 工程量清单投标报价的具体计算

（1）按照企业定额或政府消耗量定额标准及预算价格确定人工费、材料费、机械费，并以此为基础确定管理费和利润，由此可计算出分部分项的综合单价。

（2）根据现场因素及工程量清单规定计算措施项目费，措施项目费以实物量或分部分项工程费为基数按费率计算的方法确定。

（3）其他项目费（零星工作项目费）按工程量清单规定的人工、材料、机械台班的预算价为依据确定。

（4）规费按政府的有关规定执行。

（5）税金按国家或地方税法的规定执行。

（6）汇总分部分项工程费、措施项目费、其他项目费、规费、税金等得到初步的投标报价。

（7）根据分析、判断、调整得到投标报价。

工程量清单投标报价应采用统一格式，由下列内容组成：封面、投标总价、工程项目总价表、单项工程费汇总表、单位工程费汇总表、分部分项工程量清单计价表、措施项目清单计价表、其他项目清单计价表、零星工作项目计价表、分部分项工程量清单综合单价分析表、措施项目费分析表、主要材料价格表。

3. 报价依据

（1）招标文件与工程量清单

招标文件是投标人参与投标活动、进行投标报价的行动指南，包括投标须知、通用合同条件、专用合同条件、技术规范、图纸、工程量清单，以及必要的附件，如各种担保或保函的格式等。这些内容可归纳为两个方面：一是投标人参加投标所需了解并遵守的规定；二是投标人投标所需提供的文件。

投标人在研究招标文件时，必须掌握招标范围。在实践中，经常会出现图纸、技术规范和工程量清单三者之间的范围、做法和数量互相矛盾的现象。招标人提供的工程量清单中的工程量是按照《计价规范》的工程量计算规则计算所得，一般不包括任何损耗及施工方案和施工工艺造成的工程量的增减，所以要认真研究工程量清单包括的工程内容及采取的施工方案。

工程量清单是招标文件的重要组成部分，是招标人提供的投标人用以报价的工程量，也是最终结算及支付的依据。所以，必须对工程量清单中的工程量在施工过程中及最终结算时是否会变更等情况进行分析，并分析工程量清单包括的具体内容。只有这样，投标人才能准确把握每一清单项目的内容范围，并做出正确的报价。不然，会造成分析不到位，产生误解或错解而造成报价不全，导致损失。尤其是采用合理低价中标的招标形式时，报价显得更加重要。

（2）施工图纸

施工图纸是工程量清单报价最根本的依据。招标人提供给投标人的工程量清单是按设计图纸及规范规则进行编制的，可能未进行图纸会审，在施工过程中难免会出现这样那样的问题，这是引起设计变更的原因之一。所以，投标人在投标之前就要对施工图纸结合工程实际进行分析，了解清单项目在施工过程中发生变化的可能性。对于不变的报价要适中，对于有可能增加工程量的报价要偏高，对有可能降低工程量的报价要偏低等。只有这样，才能降低风险，获得最大的利润。

（3）企业定额

成本的估计有赖于采用与企业实际生产水平一致的消耗量指标。同一个工程项目，同样的工程数量，各投标人的成本是不完全一样的，这体现了企业之间个别成本的差异，形成企业之间整体实力的竞争。为了适应竞争性投标报价和现代化企业管理的需要，承包人应建立起反映企业自身施工管理水平和技术装备程度的企业定额。企业定额应包括工程实体性消耗定额、措施性消耗定额和费用定额。

（4）人工费、材料费、机械费的市场价格

1）建立市场价格信息系统。工程量清单计价模式改变了政府直接干预企业定价的定额计价模式，将企业置于市场的竞争和风险之中。企业在参与市场竞争时应考虑两个问题：一是如何利用市场的机遇，最大限度地获取效益；二是如何回避市场的风险，最小限度地蒙受损失。也就是说，企业参与市场竞争的目的是获得更大的经济利益，以不断积累企业财富。为此，企业必须加强自身内部管理，包括成本管理、定额管理等，同时还必须做好以下与工程造价有关的信息管理工作。

①人工价格信息系统的管理：建立人工信息系统的目的是通过了解市场人工成本费用行情以及人工价格变动，为企业人工单价的科学定位提供依据。

②建立工程材料、设备价格信息库。

③建立工程机械租赁价格信息库。

④建立工程造价文件信息库：工程造价文件是指政府及工程造价管理部门颁布的有关各种造价控制与管理方面的政策性文件、法令、法规以及各类费用、费率等的调整文件。其中有指令性的，也有指导性的。工程造价文件对企业进行工程造价控制与管理具有重要的指导意义。

2）建立完善的询价系统。实行工程量清单计价模式后，投标人自由定价，所有与价格有关的费用全部放开，政府不再进行任何干预。如何快捷有效地询价，是投标人在新形势下面临的新问题。投标人在日常的工作中必须建立齐全的价格体系，积累一部分人工、材料、机械台班的价格。除此之外，在编制投标报价时，进行多方询价。询价的内容主要包括材料市场价、当地人工的行情价、机械设备的租赁价、分部分项工程的分包价等。

（5）其他

其他报价依据还包括：施工组织设计及施工方案；有关的施工规范及验收规范；工程量清单计价规范；现场施工资料等。

施工组织设计及施工方案是招标人评标时考虑的主要因素之一，是编制投标文件中的一项主要工作，也是投标人确定工程量的依据之一，它的科学性与合理性直接影响到报价及评标。其主要包括：项目概况、项目组织机构、项目保证措施、前期准备方案、施工现场平面布置、总进度计划和分部分项工程进度计划、分部分项的施工工艺及施工技术组织措施、主要施工机械配置、劳动力配置、主要材料保证措施、施工质量保证措施、安全文明措施、保证工期措施等。

施工组织设计，应针对工程特点，采用先进科学的施工方法，降低成本。既要采用先进的施工方法，合理安排工期，又要充分有效地利用机械设备和劳动力，尽可能减少临时设施和资金的占用。并通过技术革新、合理化建议等，在不影响使用功能的前提下降低工程造价，从而能降低投标报价，增加中标的可能性。另外，还应在施工组织设计中进行风险管理规划，以防范风险。

现场施工资料包括施工现场地质、水文、气象以及地上情况的有关资料，这些资料均会对工程投标报价产生影响，同时，这些资料也是将来进行工程索赔时的基础资料。

二、分部分项工程量清单综合单价的确定

分部分项工程量清单计价表中的序号、项目编号、项目名称、计量单位和工程数量按分部分项工程量清单中的相应内容填写。分部分项工程量清单综合单价，应根据《计价规范》规定的综合单价组成，按设计文件或参照附录A、附录B、附录C、附录D、附录E中的“工程内容”确定。

投标人在投标时，依据工程量清单、拟定的施工组织设计、反映本企业技术水平和管

理水平的企业定额、市场价格信息等计算和确定综合单价，填报分部分项工程量清单计价表中所列项目的综合单价与合价。

分部分项工程量清单为不可调整的闭口清单，投标人对招标文件提供的分部分项工程量清单项目必须逐一计价，对清单所列内容不允许做任何更改变动。投标人如果认为清单内容有不妥或遗漏，只能通过质疑的方式由清单编制人做统一的修改更正。分部分项工程量清单综合单价的具体生成。

1. 人工费

人工费计算方法：根据工程量清单“彻底放开价格”和“企业自主报价”的特点，结合当前我国建筑市场的状况，以及现今各投标企业的投标策略，人工费的计算方法主要有以下两种模式。

（1）利用现行的概、预算定额计价模式

利用现行的概、预算定额计算人工费的方法是：首先根据工程量清单提供的清单工程量，利用现行的概、预算定额，计算出完成各个分部分项工程量清单的人工费；其次根据本企业的实力及投标策略，对各个分部分项工程量清单的人工费进行调整；最后汇总计算出整个投标工程的人工费。

这种方法是当前我国大多数投标企业所采用的人工费计算方法，具有简单、易操作、速度快并有配套软件支持的特点。其缺点是竞争力弱，不能充分发挥企业的特长。

（2）动态的计价模式

这种计价模式适用于实力雄厚、竞争力强的企业，也是国际上比较流行的一种报价模式。动态的人工计价模式的计算方法是：首先根据招标人提供的清单工程量，结合本企业的人工效率和企业定额，计算出投标工程消耗的工日数；其次根据现阶段企业的经济、人力、资源状况和工程所在地的实际生活水平以及工程的特点，计算工日单价；最后根据劳动力来源及人员比例，计算综合工日单价，最后计算人工费。其计算公式为：

人工费 = 人工工日消耗量 × 综合工日单价

动态的计价模式对人工费的另一种计算是：用概、预算人工单价的调整额，作为计价的人工工日单价，乘以依据“企业定额”计算出的工日消耗量计算人工费。其计算公式为：

人工费 =（经调整的概、预算定额人工工日单价）× 人工工日消耗量

动态的计价模式能准确地计算出本企业承揽拟建工程所需发生的人工费，对企业提升竞争力、提高企业管理水平及增收创利具有十分重要的意义。这种报价模式与利用概、预算定额报价相比，缺点是工作量相对较大、程序复杂，且企业应拥有自己的企业定额及各类信息数据库。

2. 材料费

建筑安装工程直接费中的材料费是指施工过程中耗用的构成工程实体的各类原材料、构配件、成品及半成品等主要材料的费用以及有利于工程实体形成的各类消耗性材料费用和周转性材料的摊销费用的总和。

主要材料一般有钢材、管材、线材、阀门、管件、电缆电线、油漆、螺栓、水泥、砂石等，其费用约占材料费的85%~95%。消耗材料一般有砂纸、砂石、锯条、砂轮片、氧气、乙炔气、水、电等，费用一般占到材料费的5%~15%。周转性材料一般有脚手架、模板、支撑件等。

在投标报价的过程中，材料费的计算是一个至关重要的问题。因为，对于建筑安装工程来说，材料费占整个建筑安装工程费用的60%~70%。材料合理定价，对投标人在投标过程中能否取得主动、能否一举中标以及中标后能否获得更多利润都是至关重要的。材料费计算通常有三种模式：利用现行的概、预算定额计价模式；全动态的计价模式；半动态的计价模式。材料费的计算公式为：

材料费 = $\sum$（某类材料消耗量 × 该类材料单价）

3. 施工机械台班使用费

施工机械使用费是指使用施工机械作业所发生的机械使用费以及机械安、拆和进出场费。施工机械台班使用费不包括为管理人员配置的小车以及用于通勤任务的车辆等所发生的费用，也不包括大型机械的进出场费及安拆费。

施工机械使用费的高低及其合理性，不仅影响到建筑安装工程造价，而且能从侧面反映出企业劳动生产率水平的高低，其对投标单位竞争力的影响是不可忽视的。

4. 管理费

（1）管理费的概念

管理费是指承包人为组织和管理施工生产及维持公司的正常运营所发生的各种费用。管理费是工程成本的重要组成部分。

管理费分为公司管理费和现场管理费。公司管理费即公司总部的管理费，是施工企业用来维持公司营业和总部为全部合同提供服务的一项费用。现场管理费是施工现场项目经理部组织和管理施工所支出的费用。在工程投标报价中不分公司管理费和现场管理费。但由于这两项费用的用途与估算方法不尽相同，因此，先分别估算，然后再合并作为管理费。

在工程量清单计价模式下，管理费的报价一般以费率乘基数的形式摊入单价和措施项目费中。

（2）管理费的测算

影响公司管理费的主要因素有预期营业额、市场条件、利率的变化、办公设施的需求、人员数量与职工工资等。公司管理费可参照公司当年的企业管理费预算确定，也可参照公司的财务记录，根据过去几年的公司管理费支出情况，借助某些预测工具，对本年度管理费支出额做出预测。有时还要考虑通货膨胀等因素。经常采用的预测方法有图解法与经验估计法。

1）图解法。图解法是先把每年的经费对每年的营业额绘成曲线，然后通过目测，可以绘出一条最佳平均趋势线，最佳平均趋势线与纵坐标的交点表示固定费用，该线的斜线率则表示可变费用。利用这些数据，结合预期营业额，就可以预测出公司管理费。

2）经验估计法。经验估算法是由企业经理、会计、成本管理员、估价人员组成小组，根据历年企业管理费费率和目前的经营管理现状，直接估计下年度企业管理费费率。需要特别注意的是，在分析上一年度的数据时应找出不正常的开支并进行适当的调整，以便理顺这些费用。在预测下一年度管理费时，其增加额和减少额都必须把通货膨胀和预期营业额的增减估计进去。

增加工程量就意味着增加管理费，所以应当力求把固定费用和可变费用确定下来。不过，在根据工程量估计下一年度的预期管理费总额时，如其中有些工程的类型不同于以往做过的工程，则不能直接使用这些数据。例如，承建工程的工作量较大时，就必须另行计算出由此增大的公司管理费。

（3）管理费的测算

现场管理费的测算可采用以下几种方法：

1）根据上年或过去几年同类工程现场管理费统计值预测。同类工程实际管理费支出情况，一般从公司的会计记录或施工项目部的统计数据中取得，可根据过去几年的支出额，利用前述的预测方法测得，也可采用上年的统计平均值来计算。

2）根据已完成类似工程资料确定现场管理费。可参照结构与规模都相近的已完成工程的现场管理费，经调整作为拟建工程现场管理费的估计值。

3）根据工程施工规划直接估算现场管理费。根据施工规划或施工组织设计，现场管理人员等配备情况，可以比较准确地估算出各项现场管理费的具体数额，汇总后即得到现场管理费。

5. 利润

利润是承包人完成所承包工程获得的盈利。为了持续生存与发展，承包人必须获取利润。如何确定利润是报价决策的关键问题。在工程人工费、材料费、机械费与施工管理费一定的情况下，报价的高低主要决定于所确定的利润的高低。利润高报价高，中标的可能性低；利润低报价低，中标的可能性高。企业经营的目标是获取利润，因此，在报价中不能盲目地压低报价，应制定一个利润率的最低限额。然后根据竞争情况、招标人的类型及承包人对工程项目的期望程度，确定一个不低于最低限额的、合适的利润率。

6. 风险金

工程承包是一项高风险的事业，在编制报价时，必须对工程的内在风险进行评估，并把最后报价中应该增加的风险补偿费用确定下来。承包人风险来自很多方面，在投标阶段，主要有工程估价不准确、对影响因素考虑不周全、对竞争对手估计不足带来的风险。在合同履行中，主要有材料价格波动、工程质量安全事故、工程变更、招标人不能按时提供条件、拖欠工程价款等带来的风险。

7. 预算定额在工程量清单投标报价中的应用

工程量清单计价是企业根据自有的企业定额及市场因素对工程进行报价的计价方法。但目前许多企业还没有建立起自身的定额体系。在没有自身企业定额的情况下，作为过渡，适当利用国家或行业制定的统一定额（如预算定额）作为工料分析、计算成本和投标报价的依据，不失为一种较理想、快捷的变通办法。

具体应用时，首先根据分部分项工程量清单中某一项目的特征和工程内容，在预算定额中找出对应的定额子目名称和编号。对应定额子目可能是一个，也可能有几个。然后根据定额工程量计算规则和施工方案算出各定额子目的工程量，最后套定额得到该项目的人工、材料和机械台班消耗量。人工、材料和机械台班消耗量分别乘以投标人所选定的人工工日单价、材料单价和机械台班单价即可求出该项目的人工费、材料费和机械费。在确定管理费和利润并适当考虑风险后，最终获得分部分项工程量清单某一项目的合价和综合单价。

在计算定额子目工程量时，应注意工程量清单项目的工程量计算规则与预算定额项目的工程量计算规则是不同的，二者不可以相互替换。以黑龙江省为例：工程量清单中“平整场地”工程量按设计图示尺寸以建筑物首层面积计算。而在《2000 定额》中，“平整场地”工程量按建筑物底面积的外边线扩大 2m 所围的面积计算。

三、措施项目清单综合单价的确定

措施项目清单是由招标人提供的。投标人在编制措施项目报价表时，可根据实际施工组织设计采取的具体措施，在招标人提供的措施项目清单的基础上增加措施项目。对于清单中列出而实际未采用的措施则应不填写报价。

措施项目的增减应按下列要求进行：

1. 根据投标人编制的拟建工程的施工组织设计确定环境保护、文明安全施工、材料的二次搬运等项目；

2. 根据施工技术方案，以确定夜间施工、脚手架、施工排水降水、垂直运输机械、组装平台、大型机具使用等项目；

3. 根据相关的施工规范与工程验收规范，在施工技术方案中没有表述的，但是为了实现施工规范与工程验收规范要求而必须发生的技术措施；

4. 招标文件提出的某些必须通过一定的技术措施才能实现的要求；

5. 设计文件中一些不足以写进技术方案的，但是要通过一定的技术措施才能实现的要求。

总之，措施项目的计划应以实际发生为准。措施项目的大小、数量也应根据实际设计确定，不要盲目扩大或减少，这是准确估计措施项目费的基础。措施项目清单中所列的措施项目均以“一项”提出，在计价时，首先应详细分析其所包含的全部工程内容，然后确定其综合单价。措施项目不同，其综合单价的组成内容可能有差异，综合单价的组成包括完成该措施项目的人工费、材料费、机械费、管理费、利润及一定的风险。计算综合单价的方法有以下几种：

（1）定额法计价：这种方法与分部分项综合单价的计算方法一样，主要是指一些与实体有紧密联系的项目，如模板、脚手架、垂直运输等。

（2）实物量法计价：这种方法是最基本的，也是最能反映投标人个别成本的计价方法，是按投标人现在的水平，预测将要发生的每一项费用的合计数，并考虑一定的浮动因素及其他社会环境影响因素，如安全、文明措施费等。

（3）公式参数法计价：定额模式下几乎所有的措施费用都采用这种办法。有些地区以费用定额的形式体现，就是按一定的基数乘系数的方法或自定义公式进行计算。这种方法简单、明了，但最大的难点是公式的科学性、准确性难以把握，尤其是系数的测算是一个长期、规范的问题。系数的高低直接反映投标人的施工水平。这种方法主要适用于施工过程中必须发生但在投标时很难具体分项预测又无法单独列出项目内容的措施项目，如夜间施工、二次搬运费等，按此办法计价。

（4）分包法计价：在分包价格的基础上增加投标人的管理费及风险进行计价的方法，这种方法适合可以分包的独立项目，如大型机械设备进出场及安拆、室内空气污染测试等。措施项目计价方法的多样化正体现了工程量清单计价投标人自由组价的特点。其实，上面提到的这些方法对分项工程和其他项目的组价都是有用的。

在用上述办法组价时，要注意：首先，工程量清单计价规范规定，在确定措施项目综合单价时，规范规定的综合单价组成仅供参考，也就是措施项目内的人工费、材料费、机械费、管理费、利润等不一定全部发生，不要求每个措施项目内人工费、材料费、机械费、管理费、利润都必须有；其次，在报价时，有时措施项目招标人要求分析明细，这时用公式参数法组价、分包法组价都是先知道总数，这就靠人为用系数或比例的办法分摊人工费、材料费、机械费、管理费及利润；最后，招标人提出的措施项目清单是根据一般情况确定的，没有考虑不同投标人的“个性”。因此，投标人在报价时，可以根据本企业的实际情况，调整措施项目内容，并报价。

四、其他项目清单费用

其他项目清单费用是指预留金、材料购置费（仅指由招标人购置的材料费）、总承包服务费、零星工程项目费等估算金额的总和。它包括人工费、材料费、机械使用费、管理费、利润以及风险费。其他项目清单由招标人和投标人两部分内容组成。

1. 招标人部分

（1）预留金，主要考虑可能发生的工程量变化和费用增加而预留的金额。引起工程量变化和费用增加的原因很多，一般主要有以下几方面：

1）清单编制人员在统计工程量及变更工程量清单时发生的漏算、错算等引起的工程量增加；

2）设计深度不够、设计差错造成的设计变更引起的工程量增加；

3）在施工过程中，应业主要求，并由设计或监理工程师出具的工程变更增加的工程量；

4）其他原因引起的且应由业主承担的费用增加，如不可抗力引起的索赔费用。

预留金由清单编制人根据设计图纸、业主意图和拟建工程实际情况计算，并考虑设计图纸的深度、设计质量的高低、拟建项目的建筑、结构的复杂程度及工程风险等因素适当调整金额。对于设计深度深、质量高、建筑结构不太复杂的工程，预留金一般取工程总造价的3%~5%即可。对于初步设计图纸或建筑结构比较新颖复杂的工程项目，其预留金一般取工程总造价的10%~15%或更多。

预留金作为工程造价费用的组成部分计入工程造价，但预留金的支付与否、支付额度以及用途，都必须通过（监理）工程师的批准。

（2）材料购置费，是指业主出于特殊目的或要求，对工程消耗的某类或某几类材料，在招标文件中规定，由招标人采购的拟建工程材料费。

（3）其他，系指招标人部分可增加的新列项。例如，指定分包工程费，由于某分项工程或单位工程专业性较强，必须由专业队伍施工，即可增加这项费用，费用金额应通过向专业队伍询价（或招标）取得。

2. 投标人部分

《计价规范》中列举了总承包服务费、零星工作项目费两项内容。如果招标文件对承包商的工作范围还有其他要求，也应对其要求列项。例如，设备的厂外运输，设备的接、保、检，为业主代培技术工人等。

投标人部分的清单内容设置，除总承包服务费仅需简单列项外，其余内容应该量化的必须量化描述。如设备厂外运输，需要标明设备的台数，每台的规格重量、运距等。零星工作项目表要标明各类人工、材料、机械的消耗量。

工程建设标准有高有低、复杂程度有难有易、工期有长有短、工程的组成内容有繁有简，工程投资上百万元、上亿元。正由于工程的这种复杂性，在施工之前，很难预料在施工过程中会发生什么变更，所以，招标人按估算的方式将这部分费用以其他项目的形式列出，由投标人按规定组价，包括在总报价内。前面分部分项工程综合单价、措施项目费都是投标人自由组价，可其他项目费不一定是投标人自由组价，因为其他项目费包括招标人部分和投标人部分。招标人部分是非竞争性项目，这就要求投标人按招标人提供的数量及金额进入报价，不允许投标人对价格进行调整。投标人部分是竞争性费用，名称、数量由招标人提供，价格由投标人自由确定。

在实际工作中，还应注意以下几点：

（1）其他项目清单中的预留金、材料购置费和零星工作项目费，均为估算、预算量，虽在投标时计入投标人的报价中，但不应视为投标人所有。竣工结算时，应按投标人实际完成的工作内容结算，剩余部分仍归招标人所有。

（2）总承包服务费包括配合协调招标人工程分包和材料采购所需的费用，此处提到的工程分包是指国家允许分包的工程，但不包括投标人自行分包的费用，投标人由于分包而发生的管理费，应包括在相应清单项目的报价内。

（3）为了准确计价，招标人用零星工作项目表的形式详细列出人工、材料、机械名称和相应数量，投标人在此表内组价。此表为其他项目费的附表，不是独立的项目费用表。

五、零星工作项目与主要材料价格

1. 零星工作项目

零星工作项目中的工、料、机计量，要根据工程的复杂程度、工程设计质量的优劣，以及工程项目设计的成熟程度等因素来确定其数量。一般工程以人工计量为基础，按人工消耗总量的 1% 取值，材料消耗主要是辅助材料消耗，按不同消耗材料类别列项，按工人日消耗量计入。施工机械的列项和计量，除了考虑人工因素外，还要参考各单位工程机械消耗的种类，可按施工机械消耗总量的 1% 取值。

在零星工作项目中，招标人视工程情况在零星工作项目计价表中列出有关内容，并已标明暂定数量，投标人应根据表中内容填写综合单价和合价。这里，“综合单价”除包括人工、材料、机械的预算单价外，还应考虑管理费、利润、风险金等；招标人没有列出，而实际工作中出现了工程量清单项目以外的零星工作项目，可按合同规定或按计价规范有关工程量变更的条款在结算时进行调整。

2. 主要材料价格

主要材料的列表格式依据《计价规范》的要求，对招标人工程量清单内要求的材料价格进行填报。但所填报的价格必须与分部分项组价时的材料预算价格相一致。

第四章　建筑工程造价管理

第一节　工程造价的构成

一、建设项目投资的构成

（一）建设项目总投资

建设项目总投资是指投资主体为获取预期收益，在选定的建设项目上投入所需全部资金的经济行为。生产性建设项目总投资包括固定资产投资和包含铺底流动资金在内的流动资产投资两部分；而非生产性建设项目总投资只有固定资产投资，不含流动资产投资。固定资产投资是投资主体为了特定的目的，以达到预期收益（效益）的资金垫付行为。在我国，固定资产投资包括基本建设投资、更新改造投资、房地产开发投资和其他固定资产投资四个部分。建设项目的固定资产投资也就是建设项目的工程造价，二者在量上是等同的；其中建筑安装工程投资也就是建筑安装工程造价，二者在量上也是等同的。这也可以看出工程造价两种含义的同一性。项目总投资中的流动资金形成项目运营过程中的流动资产，流动资金是指在工业项目投产前预先垫付，在投产后的生产经营过程中用于购买原材料、燃料动力、备品备件，支付工资和其他费用以及被在产品、半成品、产成品其他存货占用的周转资金，这些不构成建设项目总造价。

（二）静态投资与动态投资

静态投资是以某一基准年、月的建设要素的价格为依据所计算出来的建设项目投资的瞬时值。但它含因工程量误差而引起的工程造价的增减。静态投资包括建设项目前期工程费、建筑安装工程费、设备和工器具购置费、工程建设其他费用、基本预备费。动态投资是指为完成一个工程项目的建设，预计投资需要量的总和。它除了包括静态投资所含的内容之外，还包括建设期贷款利息、投资方向调节税、涨价预备费、新开征税费以及汇率变动部分。动态投资适应了市场价格运行机制的要求，使投资的计划、估算、控制更加符合实际，符合经济运动规律。静态投资和动态投资虽然内容有所区别，但二者有密切联系。动态投资包含静态投资，静态投资是动态投资最主要的组成部分，也是动态投资的计算基础。并且这两个概念的产生都和工程造价的确定直接相关。

二、工程造价的构成

根据住房和城乡建设部、财政部颁布的“关于印发《建设安装工程费用项目组成》的通知”（建标〔2013〕44 号）以及国家发改委和建设部发布的《建设项目经济评价方法与参数（第三版）》（发改投资〔2006〕1325 号），我国现行工程造价的主要构成为：建设投资以及建设利息。其中，建设投资包括工程费用、工程建设其他费用和预备费三部分。工程费用是指建设期内直接用于工程建造、设备购置以及安装的建设投资。工程建设其他费用是指根据国家有关规定，建设期内发生的与土地使用权取得以及与项目建设运营有关的构成建设投资但不包含在工程费用中的费用。预备费是为了保证工程项目的顺利实施，避免在难以预料的情况下造成投资不足而预先安排的一笔费用。

第二节　投资决策阶段工程造价管理

建设项目投资决策是选择和决定投资行动方案的过程，是对拟建项目的必要性和可行性进行技术经济论证，对不同建设方案进行技术经济比较选择及做出判断和决定的过程。项目投资决策正确与否，直接关系到项目建设的成败，关系到工程造价的高低及投资效果的好坏，正确的投资决策是合理确定与控制工程造价的前提。

一、建设项目投资决策阶段的工作内容

建设项目投资决策阶段的工作内容包括项目策划、编制项目建议书、项目可行性研究报告及项目的投资决策审批。

（一）项目策划

项目策划是一种具有建设性、逻辑性的思维过程，在此过程中，目的就是把所有可能影响决策的决定总结起来，对未来起到指导和控制作用，最终借以达到方案目标。它是一门新兴的策划学，以具体的项目活动为对象，体现一定的功利性、社会性、创造性、时效性和超前性的大型策划活动。项目策划是项目发掘、论证、包装、推介、开发、运营全过程的一揽子计划。项目的实施成功与否，除其他条件外，首要的一点就是所策划的项目是否具有足够吸引力来吸引资本的投入。项目策划的目的是建立并维护用以确定项目活动的计划。

1. 项目策划的主要内容

项目策划阶段的主要活动包括：确定项目目标和范围；定义项目阶段、里程碑；估算

项目规模、成本、时间、资源；建立项目组织结构；项目工作结构分解；识别项目风险；制订项目综合计划。项目计划是提供执行及控制项目活动的基础，以完成对项目客户的承诺。项目策划一般是在需求明确后制订的，项目策划是对项目进行全面的策划，它的输出就是“项目综合计划”。

2. 项目策划的特点

策划是以人类的实践活动为发展条件，以人类的智能创造为动力，随着人类实践活动的逐步发展与智能水平的超越发展起来的，策划水平直接体现了社会的发展水平。项目策划是一门新兴的策划学，是以具体的项目活动为对象，体现一定的功利性、社会性、创造性、时效性的大型策划活动。

（1）功利性

项目策划的功利性是指策划能给策划方带来经济上的满足或愉悦。功利性也是项目策划要实现的目标，是策划的基本功能之一。项目策划的一个重要作用，就是使策划主体更好地得到实际利益。项目策划的主体不同，策划主题不一，策划的目标也随之有差异，即项目策划的功利性又分为长远之利、眼前之利、钱财之利、实物之利、发展之利、权利之利、享乐之利等。在项目策划的实践中，应力求争取获得更多的功利。

（2）社会性

项目策划要依据国家、地区的具体实情来进行，它不仅注重本身的经济效益，更应关注它的社会效益，经济效益与社会效益二者的有机结合才是项目策划的功利性的真正意义所在。因此，项目策划要体现一定的社会性，只有这样，才能为更多的受众所接受。

（3）创造性

项目策划作为一门新兴的策划学，也应该具备策划学的共性—创造性。提高策划的创造性，要从策划者的想象力与灵感思维入手，努力提高这两方面的能力。创造需要丰富的想象力，需要创造性的思维。创造性的思维方式，是一种高级的人脑活动过程，需要有广泛、敏锐、深刻的觉察力，丰富的想象力，活跃、丰富的灵感，渊博的知识底蕴。只有这样，才能把知识化成智慧，使之成为策划活动的智慧能源。创造性的思维，是策划活动创造性的基础，是策划生命力的体现，没有创造性的思维，项目策划活动的创造性就无从谈起。

（4）超前性

一项策划活动的制作完成，必须预测未来行为的影响及其结果，必须对未来的各种发展、变化的趋势进行预测，必须对所策划的结果进行事前事后评估。项目策划的目的就是“双赢”策略，委托策划方达到最佳满意，策划方获得用货币来衡量的思维成果，因此，策划方肩负着重要的任务，要想达到预期的目标，必须满足策划的超前性。项目策划要具有超前性，必须经过深入的调查研究。要使项目策划科学、准确，必须深入调查，获取大量真实全面的信息资料，必须对这些信息进行去粗取精、去伪存真，由表及里分析其内在的本质。超前性是项目策划的重要特性，在实践中运用得当，可以有力地引导将来的工作进程，实现策划的初衷。

（二）编制项目建议书

项目建议书是拟建项目单位向国家提出的要求建设某一项目的建议文件，是对工程项目建设的轮廓设想。项目建议书的内容视项目的不同而有繁有简，但一般应包括以下几方面内容：

1. 项目提出的必要性和依据。

2. 产品方案、拟建规模和建设地点的初步设想。

3. 资源情况、建设条件、协作关系和设备技术引进国别、厂商的初步分析。

4. 投资估算、资金筹措及还贷方案设想。

5. 项目进度安排。

6. 经济效益和社会效益的初步估计。

7. 环境影响的初步评价。

对于政府投资项目，项目建议书按要求编制完成后，应根据建设规模和限额划分分别报送有关部门审批。

二、项目的可行性研究

可行性研究是指对某工程项目在做出是否投资的决策之前，先对与该项目有关的技术、经济、社会、环境等所有方面进行调查研究，对项目各种可能的拟建方案认真地进行技术经济分析论证，研究项目在技术上的先进适用性，在经济上的合理性和建设上的可能性，对项目建成投产后的经济效益、社会效益、环境效益等进行科学的预测和评价，据此提出项目是否应该投资建设以及选定最佳投资建设方案等结论性意见，为项目投资决策部门提供决策的依据。

可行性研究广泛应用于新建、改建和扩建项目。在项目投资决策之前，通过做好可行性研究，使项目的投资决策工作建立在科学性和可靠性的基础之上，从而实现项目投资决策科学化，减少和避免投资决策的失误，提高项目投资的经济效益。

（一）可行性研究的作用

可行性研究是项目建设前期工作的重要组成部分，其作用体现在以下几个方面：

1. 可行性研究是建设项目投资决策的依据

由于可行性研究对与建设项目有关的各个方面都进行了调查研究和分析，并以大量数据论证了项目的先进性、合理性、经济性以及其他方面的可行性，因此可行性研究成为建设项目投资决策的首要环节，项目投资者主要根据项目可行性研究的评价结果，并结合国家的财政经济条件和国民经济发展的需要，做出此项目是否应该投资和如何进行投资的决定。

2. 可行性研究是项目筹集资金和向银行申请贷款的依据

银行通过审查项目可行性研究报告，确认项目的经济效益水平和偿还能力，在不承担过大风险时，银行才可能同意贷款。这对合理利用资金、提高投资的经济效益具有积极作用。

3. 可行性研究是项目科研试验、机构设置、职工培训、生产组织的依据

根据批准的可行性研究报告，进行与建设项目有关的科研试验，设置相宜的组织机构，进行职工培训以及合理地组织生产等工作安排。

4. 可行性研究是向当地政府、规划部门、环境保护部门申请建设执照的依据

可行性研究报告经审查，符合市政当局的规定或经济立法，对污染处理得当，不造成环境污染时，才能发给建设执照。

5. 可行性研究是项目建设的基础资料

建设项目的可行性研究报告，是项目建设的重要基础资料。项目建设过程中的技术性更改，应认真分析其对项目经济效益指标的影响程度。

6. 可行性研究是项目考核的依据

建设项目竣工，正式投产后的生产考核，应以可行性研究所制定的生产纲领、技术标准以及经济效果指标作为考核标准。

（二）可行性研究的目的

建设项目的可行性研究是项目进行投资决策和建设的基本先决条件和主要依据，可行性研究的主要目的可概括为以下几点：

1. 避免错误的项目投资决策

由于科学技术、经济和管理科学发展很快，市场竞争激烈，客观要求在进行项目投资决策之前做出准确无误的判断，避免错误的项目投资。

2. 减小项目的风险

现代化的建设项目规模大、投资额巨大，如果轻易做出投资决策，一旦遭到风险，损失太大。通过可行性研究中的风险分析，了解项目风险的程度，为项目决策提供依据。

3. 避免项目方案多变

建设项目的可选方案很多，通过可行性研究，确定项目方案。方案的可靠性、稳定性是非常重要的，因为项目方案的多变必然会造成人力、物力、财力的巨大浪费和时间的延误，这将大大影响建设项目的经济效益。

4. 保证项目不超支、不延误

通过项目可行性研究，确定项目的投资估算和建设工期，可以使项目在估算的投资额范围以内和预定的建设期限以内竣工交付使用，保证项目不超支、不延误。

5. 掌握项目可变因素

在项目可行性研究中，一般要分析影响项目经济效果变化的因素。通过项目可行性研究，对项目在建设过程中或项目竣工后，可能出现的相关因素的变化后果，做到心中有数。

6. 达到投资的最佳经济效果

由于投资者往往不满足于一定的资金利润率，要求在多个可能的投资方案中选出最佳

方案。可行性研究为投资者提供了方案比较优选的依据，达到投资的最佳经济效果。

（三）可行性研究的阶段划分

项目可行性研究工作分为投资机会研究、初步可行性研究、详细可行性研究三个阶段。各个研究阶段的目的、任务、要求以及所需费用和时间各不相同，其研究的深度和可靠程度也不同。可行性研究工作由建设部门或建设单位委托设计单位或工程咨询公司承担的。

（四）可行性研究的工作程序

建设项目可行性研究的工作程序从项目建议书开始，到最后的可行性研究报告的审批，其过程包括很多环节。

（五）可行性研究的内容

建设项目可行性研究的内容，是指从与项目有关的各个方面分析论证其可行性，包括建设项目在技术上、财务上、经济上、管理上等的可行性。可行性研究报告的内容可概括为三大部分：第一部分是市场研究，包括产品的市场调查和预测研究，是项目可行性研究的前提和基础，其主要任务是要解决项目的“必要性”问题；第二部分是技术研究，即技术方案和建设条件研究，是项目可行性研究的技术基础，它要解决项目在技术上的“可行性”问题；第三部分是效益研究，即项目经济效益的分析和评价，是项目可行性研究的核心部分，主要解决项目在经济上的“合理性”问题。市场研究、技术研究和效益研究共同构成项目可行性研究的三大支柱，其中经济评价是可行性研究的核心。具体来说，一般工业建设项目可行性研究包括以下内容：

1. 总论

总论主要说明项目提出的背景（改扩建项目要说明企业现有概况），投资的必要性和经济意义，可行性研究的依据和范围。

2. 市场需求预测和拟建规模

市场需求预测是建设项目可行性研究的重要环节，通过市场调查和预测，了解市场对项目产品的需求程度和发展趋势。

（1）项目产品在国内外市场的供需情况。通过市场调查和预测，摸清市场对该项目产品的目前和将来的需要品种、质量、数量以及当前的生产供应情况。

（2）项目产品的竞争和价格变化趋势。摸清目前项目产品的竞争情况和竞争发展趋势，各厂家在竞争中所采取的手段、措施等。同时应注意预测可能出现的产品最低销售价格，由此确定项目产品的允许成本，这关系到项目的生产规模、设备选择、协作情况等。

（3）影响市场渗透的因素。影响市场渗透的因素很多，如销售组织、销售策略、销售服务、广告宣传、推销技巧、价格政策等，必须逐一摸清，从而采取相宜的销售渗透形式、政策和策略。

（4）估计项目产品的渗透程度和生命力。在综合研究分析以上情况的基础上，对拟建项目的产品可能达到的渗透程度及其发展变化趋势、现在和将来的销售量以及产品的生命力做出估计，并了解进入国际市场的前景。

3. 资源、原材料、燃料、电及公用设施条件

研究资源储量、品位、成分以及开采利用条件；原料、辅助材料、燃料、电和其他输入产品的种类、数量、质量、单价、来源和供应的可能性；所需公共设施的数量、供应方式和供应条件。

4. 项目建设条件和项目位置选择

调查项目建设的地理位置、气象、水文、地质、地形条件和社会经济现状，分析交通、运输及水、电、气的现状和发展趋势。对项目位置进行多方案比较，并提出选择性意见。

5. 项目设计方案

确定项目的构成范围、技术来源和生产方法、主要技术工艺和设备选型方案的比较，引进技术、设备的来源、国别，与外商合作制造设备的设想。改扩建项目要说明对原有固定资产的利用情况，项目布置方案的初步选择和土建工程量估算，公用辅助设施和项目内外交通运输方式的比较和初步选择。

6. 环境保护

调查环境现状，预测项目对环境的影响，提出环境保护和“三废”治理的初步方案。

7. 生产组织管理、机构设置、劳动定员、职工培训

可行性研究在确定企业的生产组织形式和管理系统时，应根据生产纲领、工艺流程来组织相宜的生产车间和职能机构，保证合理地完成产品的加工制造、储存、运输、销售等各项工作，并根据对生产技术和管理水平的需要，来确定所需的各类人员和培训方案。

8. 项目的施工计划和进度要求

根据勘察设计、设备制造、工程施工、安装、试生产所需时间与进度要求，选择项目实施方案和总进度，并用横道图和网络图来表述最佳实施方案。

9. 投资估算和资金筹措

投资估算包括项目总投资估算，主体工程及辅助、配套工程的估算以及流动资金的估算；资金筹措应说明资金来源、筹措方式、各种资金来源所占的比例、资金成本及贷款的偿还方式。

10. 项目的经济评价

项目的经济评价包括财务评价和国民经济评价，通过有关指标的计算，进行项目盈利能力、偿债能力等分析，得出经济评价结论。

11. 综合评价与结论、建议

运用各项数据，从技术、经济、社会、财务等各个方面综合论述项目的可行性，推荐一个或几个方案供决策参考，并提出项目中存在的问题、改进建议和结论性意见。

（六）可行性研究的编制依据和要求

1. 可行性研究的编制依据

编制建设项目可行性研究报告的主要依据有：

（1）国民经济发展的长远规划，国家经济建设的方针、任务和技术经济政策

按照国民经济发展的长远规划、经济建设的方针和政策及地区和部门发展规划，确定项目的投资方向和规模，提出需要进行可行性研究的项目建议书。在宏观投资意向的控制下安排微观的投资项目，并结合市场需求，有计划地统筹安排好各地区、各部门与企业的产品生产和协作配套。

（2）项目建议书和委托单位的要求

项目建议书是做好各项准备工作和进行可行性研究的重要依据，只有经国家计划部门同意，并列入建设前期工作计划后，方可开展可行性研究的各项工作。建设单位在委托可行性研究任务时，应向承担可行性研究工作的单位，提出对建设项目的目标和要求，并说明有关市场、原料、资金来源以及工作范围等情况。

（3）有关的基础数据资料

进行项目位置选择、工程设计、技术经济分析需要可靠的自然、地理、气象、水文、地质、社会、经济等基础数据资料以及交通运输与环境保护资料。

（4）有关工程技术经济方面的规范、标准、定额

国家正式颁布的技术法规和技术标准以及有关工程技术经济方面的规范、标准、定额等，都是考察项目技术方案的基本依据。

（5）国家或有关主管部门颁发的有关项目经济评价的基本参数和指标

国家或有关主管部门颁发的有关项目经济评价的基本参数主要有基准收益率、社会折现率、固定资产折旧率、汇率、价格水平、工资标准、同类项目的生产成本等，采用的指标有盈利能力指标、偿债能力指标等，这些参数和指标都是进行项目经济评价的基准和依据。

2. 可行性研究的编制要求

（1）编制单位必须具备承担可行性研究的条件

项目可行性研究报告的内容涉及面广，并且有一定的深度要求。因此，编制单位必须是具备一定的技术力量、技术装备、技术手段和相当实践经验等条件的工程咨询公司、设计院及专门单位。参加可行性研究的成员应由工业经济专家、市场分析专家、工程技术人员、机械工程师、土木工程师、企业管理人员、造价工程师、财会人员等组成。

（2）确保可行性研究报告的真实性和科学性

可行性研究工作是一项技术性、经济性、政策性很强的工作，要求编制单位必须保持独立性和公正性，在调查研究的基础上，按客观实际情况实事求是地进行技术经济论证、技术方案比较和优选，切忌主观臆断、行政干预、划框框、定调子，保证可行性研究的严肃性、客观性、真实性、科学性和可靠性，确保可行性研究的质量。

（3）可行性研究的内容和深度要规范化和标准化

不同行业、不同项目的可行性研究内容和深度可以各有侧重和区别，但其基本内容要完整，文件要齐全，研究深度要达到国家规定的标准，按照国家颁布的有关文件的要求进行编制，以满足投资决策的要求。

（4）可行性研究报告必须签字与审批

可行性研究报告编完之后，应由编制单位的行政、技术、经济方面的负责人签字，并对研究报告的质量负责。另外，还必须上报主管部门审批。

三、项目投资决策审批制度

根据《国务院关于投资体制改革的决定》（国发〔2004〕20号），政府投资项目实行审批制，非政府投资项目实行核准制或登记备案制。

1. 政府投资项目

（1）对于采用直接投资和资本金注入方式的政府投资项目，政府需要从投资决策的角度审批项目建议书和可行性研究报告，除特殊情况外不再审批开工报告，同时还要严格审批其初步设计和概算；

（2）对于采用投资补助、转贷和贷款贴息方式的政府投资项目，只审批资金申请报告。

2. 非政府投资项目

对于企业不使用政府资金投资建设的项目，政府不再进行投资决策性质的审批，区别不同情况实行核准制或登记备案制。

（1）核准制。企业投资建设《政府核准的投资项目目录》中的项目时，仅需向政府提交项目申请报告，不再经过批准项目建议书、可行性研究报告和开工报告的程序。

（2）备案制。对于《政府核准的投资项目目录》以外的企业投资项目，实行备案制。除国家另有规定外，由企业按照属地原则向地方政府投资主管部门备案。

第三节　建设项目设计阶段工程造价管理

一、设计经济合理性提高的途径

（一）执行设计标准

设计标准是国家经济建设的重要技术规范，是进行工程建设勘察、设计、施工及验收的重要依据。各类建设的设计部门制定与执行相应的不同层次的设计标准规范，对提高工程设计阶段的造价控制水平是十分必要的。

1. 设计标准的作用

（1）对建设工程规模、内容、建造标准进行控制；

（2）保证工程的安全性和预期的使用功能；

（3）提供设计所必需的指标、定额、计算方法和构造措施；

（4）为控制工程造价提供方法和依据；

（5）减少设计工作量、提高设计效率；

（6）促进建筑工业化、装配化，加快建设速度。

2. 设计标准化的要求

正确地理解和运用设计标准是做好设计阶段造价控制工作的前提，其基本要求如下：

（1）充分了解工程设计项目的使用对象、规模功能要求，选择相应的设计标准规范作为依据，合理地确定项目等级和面积分配、功能分类以及材料、设备、装修标准和单位面积造价的控制指标。

（2）根据建设地点的自然、地质、地理、物资供应等条件和使用功能，制订合理的设计方案，明确方案应遵循的标准规范。

（3）施工图设计前应检查是否符合标准规范的规定。

（4）当各层次标准出现矛盾时，应以上级标准或管理部门的相关标准为准，在使用功能方面应遵守上限标准（不超标）；在安全、卫生等方面应注意下限标准（不降低要求）。

（5）当遇到特殊情况难以执行标准规范时，特别是涉及安全、卫生、防火、环保等问题时，应取得当地有关管理部门的批准或认可。

（二）推行标准设计

工程标准设计通常指在工程设计中，可在一定范围内通用的标准图、通用图和复用图，一般统称为标准图。在工程设计中采用标准设计可提高工业化水平、加快工程进度、节约材料、降低建设投资。据统计，采用标准设计一般可加快设计进度 1~2 倍，节约建设投资 10%~15%。

1. 标准设计的特点

（1）以图形表示为主，对操作要求和使用方法做文字说明；

（2）具有设计、施工、经济标准各项要求的综合性；

（3）设计人员选用后可直接用于工程建设，具有产品标准的作用；

（4）对地域、环境的适应性要求强，地方性标准较多；

（5）除特殊情况可做少量修改外，一般情况下设计人员不得自行修改标准设计。

2. 标准设计的分类

（1）国家标准设计指在全国范围内需要统一的标准设计；

（2）部级标准设计指在全国各行业范围内需要统一的标准设计，应由主编单位提出并报告主管部门审批颁发；

（3）省、市、自治区标准设计指在本地区范围内需要统一的标准设计，由主编单位提出并报省、市、自治区主管基建的综合部门审批颁发；

（4）设计单位自行制定的标准设计是指在本单位范围内需要统一的标准设计，是在本单位内部使用的设计技术原则、设计技术规定，由设计单位批准执行，并报上一级主管部门备案。

3. 标准设计的一般要求

标准设计覆盖范围很广，重复建造的建筑类型及生产能力相同的企业、单独的房屋构筑物均应采用标准设计或通用设计。在设计阶段造价控制工作中，对不同用途和要求的建筑物，应按统一的建筑模数、建筑标准、设计规范技术规定等进行设计。若房屋或构筑物整体不便定型化时，应将其中重复出现的建筑单元、房间和主要的结构节点构造，在构配件标准化的基础上定型化。建筑物和构筑物的柱网、层高及其他构件参数尺寸应力求统一，在基本满足使用要求和修建条件的情况下，尽可能具有通用互换性。

4. 推广标准设计的意义

（1）加快提供设计图纸的速度、缩短设计周期、节约设计费用；

（2）可使工艺定型，易提高工人技术水平，易使生产均衡，提高劳动生产率和节约材料，有益于较大幅度地降低建设投资；

（3）可加快施工准备和定制预制构件等项工作，并能使施工速度大大加快，既有利于保证工程质量，又降低了建筑安装工程费用；

（4）按通用性条件编制、按规定程序审批，可供大量重复使用，做到既经济又优质；

（5）贯彻执行国家的技术经济政策，密切结合自然条件和技术发展水平，合理利用资源和材料设备，考虑施工、生产、使用和维修的要求，便于工业化生产。

（三）推行限额设计

1. 限额设计的含义

限额设计就是按批准的投资估算控制初步设计，按批准的初步设计总概算控制施工图设计，即将上阶段设计审定的投资额和工程量先行分解到各专业，然后再分解到各单位工程和分部工程。各专业在保证使用功能的前提下，按分配的投资限额控制设计，严格控制技术设计和施工图设计的不合理变更，以保证总投资限额不被突破。

2. 限额设计的目标设置

先将上一阶段审定的投资额作为下一设计阶段投资控制的总体目标，再将该项总体限额目标层层分解后确定各专业、各工程或各分部分项工程的分项目标。该项工作中，提高投资估算的合理性与准确性是进行限额设计目标设置的关键环节，特别是各专业和各单位工程或分部分项工程如何合理划分、分解到的限额数量的多少、设计指标制定的高低等都将约束项目投资目标的实现，都将对项目的建造标准、使用功能、工程质量等方面产生影响。限额设计体现了设计标准、规模、原则的合理确定和有关概算基础资料的合理取定，是衡量勘察设计工作质量的综合标志，应将之作为提高设计质量工作的管理目标。最终实现设计阶段造价（投资）控制的目标，必须对设计工作的各个环节进行多层次的控制与管理，同时实现对设计规模、设计标准、工程量与概算指标等各个方面的多维控制。

3. 限额设计控制工作的主要内容

限额设计贯穿于项目可行性研究、初步勘察、初步设计、详细勘察、技术设计、施工图设计各个阶段，并且在每一个阶段中贯穿于各个专业的每一道工序。在每个专业、每项设计中都应将限额设计作为重点工作内容，明确限额目标，实行工序管理。各专业限额设计的实现是限额目标得以实现的重要保证。限额设计控制工作包括如下内容：

（1）重视初步设计的方案选择

初步设计应为多方案比较选择的结果，是项目投资估算的进一步具体化。在初步设计开始时，项目总设计师应将可行性研究报告的设计原则、建设方案和各项控制经济指标向设计人员交底，对关键设备、工艺流程、总图方案、主要建筑和各项费用指标要提出技术经济比选方案，要研究实现可行性研究报告中投资限额的可能性。特别要注意对投资有较大影响的因素并将任务与规定的投资限额分专业下达到设计人员，促使设计人员进行多方案比选。如果发现重大设计方案或某项设计指标超出批准可行性研究报告中的投资限额，应及时反映并提出解决的方法。不应该等到概算编出后发现超投资再压低投资、减项目、减设备，以致影响设计进度，造成设计上的不合理，给施工图设计埋下超出限额的隐患。在初步设计限额设计中，各专业设计人员应强化控制建设投资意识，在拟定设计原则、技术方案和选择设备材料过程中应先掌握工程的参考造价和工程量，严格按照限额设计所分解的投资额和控制工程量进行设计，并以单位工程为考核单元，事先做好专业内部平衡调整，提出节约投资的措施，力求将造价和工程量控制在限额范围之内。

（2）控制施工图预算

施工图设计是指导工程建设的主要文件，是设计单位的最终产品。限额设计控制就是将施工图预算严格控制在批准的设计概算范围内并有所节约。施工图设计必须严格按照批准的初步设计确定的原则、范围、内容、项目和投资额进行。施工图阶段限额设计的重点应放在初步设计工程量控制方面，控制工程量一经审定，即作为施工图设计工程量的最高限额，不得突破。当初步设计受外界条件的限制时，如地质报告、工程地质、设备、材料的供应、协作条件、物资采购供应、价格变化以及人们的主观认识的局部修改、变更，可能引起已经确认的概算价值的变化，这种正常的变化在一定范围内允许，但必须经过核算与调整。当建设规模、产品方案、工艺方案、工艺流程或设计方案发生重大变更时，原初步设计已失去指导施工图设计的意义，此时必须重新编制或修改初步文件，另行编制修改初步设计的概算报原审批单位审批。

（3）加强设计变更管理

除非不得不进行设计变更，否则任何人员无权擅自更改设计。如果能预料到设计将要发生变更，则设计变更发生得越早越好。若在设计阶段变更，只需修改图纸，其他费用尚未发生；若在建设期间发生变更，除花费上述费用外，已建工程还可能将被拆除，势必造成重大变更损失。为了做好限额设计控制工作，应建立相应的设计管理制度，尽可能地将设计变更控制在设计阶段，对影响工程造价的重大设计变更，需进行由多方人员参加的技术经济论证，获得有关管理部门批准后方可进行，使建设成本得到有效控制。

二、设计方案优选

设计方案选择就是通过对工程设计方案的经济分析，从若干设计方案中选出最佳方案的过程。由于设计方案的经济效果不仅取决于技术条件，还受不同地区的自然条件和社会条件的影响，设计方案选择时，需要综合考虑各方面因素，对方案进行全方位的技术经济分析与比较，也需要结合当时当地的实际条件，选择功能完善、技术先进、经济合理的设计方案。其中，设计方案选择最常用的方法是比较分析方法。

三、价值工程的主要工作内容

（一）对象选择

1. 对象选择的一般原则

选择价值工程对象时一般应遵循以下两条原则：一是优先考虑企业生产经营上迫切要求改进的主要产品，或是对国计民生有重大影响的项目；二是对企业经济效益影响大的产品（或项目）。其具体包括以下几个方面：

（1）设计方面：选择结构复杂、体大量重、技术性能差、能源消耗高、原材料消耗大或是稀有的、贵重的、奇缺的产品；

（2）施工生产方面：选择产量大、工序烦琐、工艺复杂、工艺落后、返修率高、废品率高、质量难以保证的产品；

（3）销售方面：选择用户意见大、退货索赔多、竞争力差、销售量下降或市场占有率低的产品；

（4）成本方面：选择成本高、利润低的产品或在成本构成中比重大的产品。

2. 对象选择的方法

对象选择的方法有很多，每种方法有各自的优点和适应性。

（1）经验分析法。该方法也称为因素分析法，是一种定性分析的方法，即凭借开展价值工程活动人员的经验和智慧，根据对象选择应考虑的因素，通过定性分析来选择对象的方法。其优点是能综合、全面地考虑问题且简便易行，不需要特殊训练，特别是在时间紧迫或信息资料不充分的情况下，利用此法较为方便。其缺点是缺乏定量依据，分析质量受工作人员的工作态度和知识经验水平的影响较大。若本方法与其他定量方法相结合使用往往能取得较好效果。

（2）百分比法。百分比即按某种费用或资源在不同项目中所占的比重大小来选择价值工程对象的方法。

（3）ABC 分析法。ABC 分析法是运用数理统计分析原理，按局部成本在总成本中比重的大小选择价值工程对象。一般来说，企业产品的成本往往集中在少数关键部件上。在选择对象产品或部件时，为便于抓住重点，把产品（或部件）种类按成本大小顺序划分为 A、B、C 三类。ABC 分析法的优点在于简单易行，能抓住成本中的主要矛盾，但企业在生产多品种、各品种之间不一定表现出均匀分布规律时应采用其他方法。该方法的缺点是有时部件虽属 C 类，但功能却较重要，有时因成本在部件或要素项目之间分配不合理，则会发生遗漏或顺序推后而未被选上。这种情况可通过结合运用其他分析方法来避免。

（4）强制确定法。该方法在选择价值工程对象、功能评价和方案评价中都可以使用。在对象选择中，通过对每个部件与其他各部件的功能重要程度逐一对比打分，相对重要的得 1 分，不重要的得 0 分，即 01 法。以各部件功能得分占总分的比例确定功能评价系数，根据功能评价系数和成本系数确定价值系数。

（二）信息资料的搜集

明确搜集资料的目的，确定资料的内容和调查范围，有针对性地搜集信息。搜集信息资料的首要目的就是要了解活动的对象，明确价值工程对象的范围，信息资料有利于帮助价值工程人员统一认识、确保功能、降低物耗。只有在以充分的信息作为依据的基础上，才能创造性地运用各种有效手段，正确地进行对象选择、功能分析和创新方案。不同价值工程对象所需搜集的信息资料内容不尽相同。一般包括市场信息、用户信息、竞争对手信息、设计技术方面的信息、制造及外协方面的信息、经济方面的信息、本企业的基本情况、国家和社会方面的情况等。搜集信息资料是一项周密而系统的调查研究活动，应有计划、有组织、有目的地进行。搜集信息资料的方法通常有：①面谈法。通过直接交谈搜集信息资料。②观察法。通过直接观察 VE 对象搜集信息资料。③书面调查法。将所需资料以问答形式预先归纳为若干问题，然后通过资料问卷的回答来取得信息资料。

（三）功能系统分析

功能系统分析是价值工程活动的中心环节，具有明确用户的功能要求、转向对功能的研究、可靠实现必要的功能。功能系统分析中的功能定义、功能整理、功能计量紧密衔接，有机地结合为一体运行。

（四）功能评价

功能评价包括研究对象的价值评价和成本评价两个方面的内容。价值评价着重计算、分析、研究对象的成本与功能间的关系是否协调、平衡，评价功能价值的高低，评定需要改进的具体对象。功能价值的一般计算公式与对象选择的价值的基本计算公式相同，所不同的是功能价值计算所用的成本按功能统计，而不是按部件统计。

第四节　招标投标阶段工程造价管理

一、建设工程招标投标

（一）建设工程招标投标的概念及范围

1. 建设工程招标投标的概念

所谓“建设工程的招标”就是指招标人（或招标单位）在发包工程项目前，按照公布的招标条件，公开或书面邀请投标人（或投标单位）在接受招标文件要求的前提下前来投标，以便招标人从中择优选定的一种交易行为。所谓“投标”就是具有合法资格和能力的投标人（或投标单位）在同意招标人拟定的招标文件的前提下，对招标项目提出自己的报价和相应的条件，通过竞争企图为招标人选中的一种交易方式。这种方式是投标人之间的直接竞争，而不通过中间人，在规定的期限内以比较合适的条件达到招标人的目的。招标单位又叫发包单位，中标单位又叫承包单位。

招标投标实质上是一种市场竞争行为。建设工程招标投标是以工程设计或施工，或以工程所需的物资、设备、建筑材料等为对象，在招标人和若干个投标人之间进行的。它是商品经济发展到一定阶段的产物。在市场经济条件下，它是一种最普遍、最常见的择优方式。招标人通过招标活动来选择条件优越者，使其力争用最优的技术、最佳的质量、最低的价格和最短的周期完成工程项目任务。投标人也通过这种方式选择项目和招标人，以使自己获得更丰厚的利润。

2. 建设工程招标投标的范围

根据《招标投标法》，凡在中华人民共和国境内进行下列工程建设项目，包括项目的勘察、设计、施工、监理及与工程建设有关的重要设备、材料等的采购，必须进行招标。

（1）大型基础设施、公用事业等关系社会公共利益、公众安全的项目。关系社会公共利益、公众安全的基础设施项目的范围包括煤炭、石油、天然气、电力、新能源等能源项目；铁路、石油、管道、水运、航空及其他交通运输业项目；邮政、电信枢纽、通信、信息网络等邮电通信项目；防洪、灌溉、排涝、引（供）水、滩涂治理、水土保持、水利枢纽等水利项目；道路、桥梁、地铁和轻轨交通、污水排放及处理、垃圾处理、地下管道、公共停车场等城市设施项目；生态环境保护项目；其他基础设施项目。关系社会公共利益、公众安全的公用事业项目的范围：供水、供电、供气、供热等市政工程项目；科技、教育、文化等项目；体育、旅游等项目；卫生、社会福利等项目；商品住宅，包括经济适用住房；其他公用事业项目。

（2）全部或部分使用国有资金投资或者国家融资的项目。使用国有资金投资项目的范围：使用各级财政预算资金的项目；使用纳入财政管理的各种政府性专项建设基金的项目；使用国有企业事业单位自有资金，并且国有资产投资者实际拥有控制权的项目。国有融资项目的范围：使用国家发行债券所筹资金的项目；使用国家对外借款或者担保所筹资金的项目；使用国家政策性贷款的项目；国家授权投资主体融资的项目；国家特许的融资项目。

（3）使用国际组织或者外国政府贷款、援助资金的项目。其范围如下：使用世界银行贷款、亚洲开发银行等国际组织贷款资金的项目；使用外国政府及其机构贷款资金的项目；使用国际组织或者外国政府援助资金的项目。

上述规定范围内的各类工程建设项目包括项目的勘察、设计、施工、监理及与工程建设有关的重要设备、材料等的采购，达到下列标准之一者，必须进行招标：第一，单项合同估算价在 200 万元人民币以上的；第二，重要设备、材料等货物的采购，单项合同估算价在 100 万元人民币以上的；第三，勘察、设计、监理等服务的采购，单项合同估算价在 50 万元人民币以上的；第四，单项合同估算价低于前三项规定的标准，但项目总投资在 3000 万元人民币以上的。根据建设部第 89 号令《房屋建筑和市政基础设施工程施工招标投标管理办法》中的规定对于涉及国家安全、国家秘密、抢险救灾或者属于利用扶贫资金实行以工代赈、需要使用农民工等特殊情况，不适宜进行招标的项目，按照国家有关规定可以不进行招标。

（二）建设工程招标的方式及基本原则

1. 建设工程招标的方式

建设招标投标的方式包括公开招标、邀请招标。

（1）公开招标。它又称竞争性招标，是指由招标人在报刊、电子网络或其他媒体上刊登招标公告，吸引众多投标人参加投标竞争，招标人从中选择中标单位的招标方式。按照竞争程度，公开招标可分为国际竞争性招标和国内竞争性招标。采用公开招标的优点如下：第一，由于投标人范围广，竞争激烈，一般招标人可以获得质优价廉的标的；第二，在国际竞争性招标中，可以引进先进的设备、技术和工程技术及管理经验；第三，可以保证所有合格的投标人都有参加投标的机会，有助于打破垄断，实行平等竞争。公开招标也存在一些缺陷：第一，公开招标耗时长；第二，公开招标耗费大，所需准备的文件较多，投入的人力、物力大和招标文件要明确规范各种技术规格、评标标准及买卖双方的义务等内容。

（2）邀请招标。它也称有限竞争性招标或选择性招标，是指由招标单位选择一定数目的企业，向其发出投标邀请书，邀请它们参加招标竞争。一般都选择 3~10 个投标人参加较为适宜，当然要视具体的招标项目的规模大小而定。虽然招标组织工作比公开招标简单一些，但采用这种形式的前提是对投标人充分了解，由于邀请招标限制了充分的竞争，因此在我国建设市场中应尽量采用公开招标。

邀请招标的特点：招标不使用公开的公告形式；只有接受邀请的单位才是合格投标人；投标人的数量有限。与公开招标相比，邀请招标具有如下优点：第一，缩短了招标有效期，由于不用在媒体上刊登公告，招标文件只送几家，减少了工作量；第二，节约了招标费用，如刊登公告的费用、招标文件的制作费用、减少了投入的人力等；第三，提高了投标人的中标机会。邀请招标缺点：第一，由于接受邀请的单位才是合格的投标人，所以有可能排除了许多更有竞争实力的单位；第二，中标价格可能高于公开招标的价格。

实行公开招标的工程，必须在有形建筑市场或建设行政主管部门指定的报刊上发布招标公告，也可以同时在其他全国性或国外报刊上刊登招标公告。实行邀请招标的工程，也应在有形建筑市场发布招标信息，由招标单位向符合承包条件的单位发出邀请。凡按照规定应该招标的工程不进行招标，应该公开招标的工程不公开招标的，招标单位所确定的承包单位一律无效。建设行政主管部门按照《建筑法》第八条的规定，不予颁发施工许可证；对于违反规定擅自施工的，依据《建筑法》第六十四条的规定，追究其法律责任。

2. 建设工程招标投标的基本原则

建设工程招标投标的基本原则有公开原则、公平原则、公正原则、诚实信用原则。

（1）公开原则。它是指有关招标投标的法律、政策、程序和招标投标活动都要公开，即招标采购前发布公告，公开发售招标文件，公开开标，中标后公开中标结果，使每个投标者拥有同样的信息、同等的竞争机会和获得中标的权利。任何一方不得以不正当的方式取得招标和投标信息上的优势，使采购具有较高透明度。

（2）公平原则。它是指所有参加竞争的投标商机会均等，并受到同等待遇。

（3）公正原则。它是指在招标投标的立法、管理和进行过程中，立法者应制定法律和规则，司法者和管理者按照法律和规则公正地执行法律和规则，对一切被监管者给予公正待遇。所谓公正，即公平、正义之意。公平、公开和公正三个原则互相补充、互相涵盖。公开原则是公平、公正原则的前提和保障，是实现公平、公正原则的必要措施。公平、公正原则也正是公开原则所追寻的目标。

（4）诚实信用原则。它是指民事主体在从事民事活动时，应诚实守信，以善意的方式履行其义务，不得滥用权力及规避法律或合同规定的义务，在招标投标活动中体现为购买者、中标者在依法进行采购和招标投标活动中要有良好的信用。

二、建设工程招标投标制对工程造价的重要影响

建设工程招投标制是我国建筑市场走向规范化、完善化的重要举措之一。建设工程招投标制的推行，使计划经济条件下建设任务的发包从以计划分配为主转变到以投标竞争为主，使我国承发包方式发生了质的变化。推行建设工程招投标制，对降低工程造价，进而使工程造价得到合理的控制具有非常重要的影响。

1. 推行招投标制基本形成了由市场定价的价格机制，使工程价格更趋于合理。在建设

市场推行招标投标制最直接、最集中的表现就是在价格上的竞争。通过竞争确定工程价格，使其趋于合理或下降，这将有利于节约投资、提高投资效益。

2. 推行招投标制能够不断降低社会平均劳动消耗水平，使工程价格得到有效控制。在建筑市场中，不同投标者的个别成本是有差异的。通过推行招标制总是那些个别成本最低或接近最低、生产力水平较高的投标者获胜，这样便实现了生产力资源的较优配置，也对不同投标者实行了优胜劣汰。面对激烈的竞争，为了自身的生存与发展，每个投标者都必须切实在降低自己个别劳动消耗上下功夫，这样将逐步而全面地降低社会平均劳动消耗水平，使工程价格更为合理。

3. 推行招投标制便于供求双方更好地相互选择，使工程价格更加符合价值基础，进而更好地控制工程造价。采用招标投标方式为供求双方在较大范围内进行相互选择创造了条件，为需求者（如业主）与供给者（如勘察设计单位、承包商、供应商）在最佳点上结合提供了可能。需求者对供给者选择的基本出发点是“择优选择”，即选择那些报价较低、工期较短、质量较高、具有良好业绩和管理水平的供给者，这样即为合理控制工程造价奠定了基础。

4. 推行招投标制有利于规范价格行为，使公开、公平、公正的原则得以贯彻。我国招标投标活动有特定的机构进行管理，有严格的程序来遵循，有高素质的专家提供支持。工程技术人员的群体评估与决策，能够避免盲目过度的竞争和徇私舞弊现象的发生，对建筑领域中的腐败现象起到强有力的遏制作用，使价格形成过程变得透明而规范。

5. 推行招投标制能够减少交易费用，节省人力、物力、财力，进而使工程造价有所降低。我国目前从招标、投标、开标、评标直至定标，均有一些法律、法规规定，已进入制度化操作。招投标中，若干投标人在同一时间、地点报价竞争，在专家支持系统的评估下，以群体决策方式确定中标者，必然减少交易过程的费用，这本身就意味着招标人收益的增加，对工程造价必然产生积极的影响。

三、建设工程招标

（一）招标人应具备的条件

根据我国《招标投标法》的规定，招标人是依法提出要进行招标的项目，公布招标的内容，并面向社会进行招标的法人或者其他组织。招标人既可以是依法已取得法人资格的组织（如具备法人资格的国有公司、企业、股份公司、有限责任公司等），也可以是未取得法人资格的公司、企业、事业单位、机关、团体等。是否具备法人资格不是认定招标人资格的必备条件。在整个招标投标制度中，招标人始终处于主导地位，其掌握着选择投标人与投资决策的大权。因此，招标人必须做好前期有关招标项目的具体规划、落实资金、设计、招标文件与合同条件等一系列准备工作。这些准备工作的内容，就形成了招标项目的基本框架。

1. 施工招标人应具备的条件

按照建设部的有关规定，依法必须进行施工招标的工程，招标人自行办理施工招标事宜的，除应具备一般招标人的条件外，还应具备以下条件：

（1）有专门的施工招标组织机构；

（2）有与工程规模、复杂程度相适应并具有同类工程施工招标经验、熟悉有关工程施工招标法律法规的工程技术、工程造价及工程管理的专业人员。

不具备上述条件的，招标人应当委托具有相应资格的工程招标代理机构代理施工招标。

2. 设备招标人应具备的条件

按照我国 1995 年 11 月颁布的《建设工程设备招标投标管理试行办法》的规定，承担设备招标的单位应当具备下列条件：

（1）法人资格；

（2）有组织建设工程设备供应工作的经验；

（3）对国家和地区大中型基建、技改项目的成套设备招标单位，应当具有国家有关部门资格审查认证的相应的甲、乙级资格；

（4）具有编制招标文件和标底的能力；

（5）具有对投标单位进行资格审查和组织评标的能力；

（6）建设工程项目单位自行组织招标的，应符合上述条件，如果不具备上述条件应委托招标代理机构进行招标。

（二）建设工程项目施工招标的条件

按照原国家建设部颁布的《工程建设施工招标投标管理办法》的规定，建设工程项目施工招标必须具备以下条件：

1. 概算已经批准，招标范围内所需资金已经落实；

2. 建设工程项目已正式列入国家、部门或地方的年度固定资产投资计划；

3. 已经向招标投标管理机构办理报批登记；

4. 有能够满足施工需要的施工图纸及技术资料；

5. 建设资金和主要建筑材料、设备的来源已经落实；

6. 已经建设工程项目所在地规划部门批准，施工现场的“三通一平”已经完成或一并列入施工招标范围。

（三）招标公告和投标邀请书的编制

招标公告是指采用公开招标方式的招标人（包括招标代理机构）通过报刊或者其他媒介向所有潜在的投标人发出的一种广泛的通告。招标公告的目的是使所有潜在的投标人都具有公平的投标竞争的机会。投标邀请书是指采用邀请招标方式的招标人，向三个或三个以上具备承担招标项目能力、资信良好的特定法人或者其他组织发出的参加投标的邀请。招标人采用公开招标方式的，应当发布招标公告；招标人采用邀请招标方式的，应当发布投标邀请书。我国法学界一般认为，招标人发出的招标项目的公告是要约邀请，而投标是要约，中标通知书是承诺。按照《招标投标法》的规定，招标公告与投标邀请书应当载明同样的事项，具体包括以下主要内容：

1. 招标人的名称、地址、联系人、电话，委托代理机构进行招标的，还应注明机构的名称和地址。

2. 招标项目的简介，包括招标项目的性质、数量、名称、实施地点、结构类型、装修标准、质量要求和工期要求；

3. 项目的投资金额及资金来源；

4. 招标方式；

5. 对投标人资质的要求及应提供的有关文件；

6. 获取招标文件的办法（发售办法）地点、时间及招标日程安排；

7. 承包方式、材料、设备的供应方式；

8. 其他要说明的问题。

（四）资格审查

招标人采用公开招标时，要对投标人进行资格审查，审查的时间一般在招标开始前或招标后开标前。为了排除那些不合格的投标人，进而降低招标人的采购成本，提高招标工作的效率，招标人对申请参加投标的潜在投标人进行资质条件、业绩、信誉、技术、资金等多方面情况进行资格审查。只有通过资格审查的潜在投标人（或投标人），才可以参加投标。招标人在规定时间内，按照资格预审文件中规定的标准和方法，对提交资格预审申请书的潜在投标人资格进行审查。其内容如下：

1. 投标人的组织与机构；

2. 施工经历，包括以往承担类似项目的业绩、履行合同的情况等；

3. 为履行合同任务而配备的机械、设备及施工方案等情况；

4. 财务状况，包括申请人已审计的资产负债表、现金流量表等，以及财产是否处于被接管、冻结、破产等状态；

5. 为承担本项目所配备的人员状况，包括技术人员和管理人员的名单和简历；

6. 各种奖励或处罚。

如果是联营体投标应填报联营体每一位成员的以上资料，并提交联营体的合作协议或意向。经资格预审后，招标人应当向资格审查合格的投标申请人发出资格审查合格通知书，告知获取招标文件的时间、地点和方法，并同时向资格审查不合格的投标申请人告知资格审查结果。

（五）编制和发售招标文件

根据我国《招标投标法》的规定，招标文件应当包括招标项目的技术要求，对投标人资格审查的标准、投标报价要求和评标标准等所有实质性要求和条件及拟签合同的主要条款。建设工程招标文件是由招标单位或其委托的咨询机构编制发布的。它既是投标单位编制投标文件的依据，也是招标单位与将来中标单位签订工程承包合同的基础，招标文件中提出的各项要求，对整个招标工作乃至承发包双方都有约束力。建设工程招投标分为许多不同种类，每个种类招投标文件编制内容及要求不尽相同，这里我们重点介绍施工招投标文件和设备、材料招投标文件的内容和编制。

1. 施工招标文件应当包括的内容

（1）投标须知，目的是使投标者了解在投标活动中应遵循的规定和注意事项，包括的内容有工程概况，招标范围，资格审查条件，工程资金来源或者落实情况（包括银行出具的资金证明），标段划分，工期要求，质量标准，现场踏勘和答疑安排，投标文件编制、提交、修改、撤回的要求，投标报价要求，投标有效期，投标保证金或保函的金额与出具保函单位的要求、开标的时间和地点，评标的方法和标准等；

（2）招标工程的技术要求和标准；

（3）设计文件及图纸；

（4）采用工程量清单招标的，应当提供工程量清单；

（5）投标函的格式及附录；

（6）拟签订合同的主要条款；

（7）评标办法；

（8）要求投标人提交的其他材料。

2. 设备、材料招标文件应当包括的内容

根据财政部编制的《世界银行贷款项目国内竞争性招标采购指南》规定，设备、材料采购招标文件的内容包括以下内容：

（1）投标人须知，包括投标有效期，投标保函的金额与出具保函单位的要求、答疑安排、开标的时间和地点，评标的方法和标准，采购货物一览表（包括序号、货物名称、数量、主要技术规格、交货期、交货地点等）等；

（2）投标使用的各种格式，如保证金格式；

（3）合同格式；

（4）通用和专用条款；

（5）技术规格（规范）；

（6）货物清单；

（7）图纸；

（8）附件。

3. 招标文件的发售、澄清与修改

（1）招标文件的发售。招标文件一般发售给通过资格审查、获得投标资格的投标人或各级代理商及制造商。招标文件的价格没有具体的规定，一般等于编制、印刷这些招标文件的成本，招标活动中的其他费用（如发布招标公告等）不应计入该成本。投标人购买招标文件的费用，不论中标与否都不予退还。其中的设计文件招标人可以酌情收押金，对于开标后将设计文件退还的，招标人应当退还押金。

（2）招标文件的修改。招标人对已发出的招标文件进行必要的修改时，应当在招标文件要求提交投标文件截止时间前一段时间（施工招标的时间至少是15天，设备、材料招标的时间至少是10天），以书面形式通知所有投标人。

四、建设工程投标

根据我国《招标投标法》，投标人是响应招标、参加投标竞争的法人或者其他组织。投标人应当具备承担招标项目的能力，应当具备相应的施工企业资质，并在工程业绩、技术能力、项目经理资格条件、财务状况等方面满足招标文件提出的要求。

（一）投标文件编制

投标又称报价，是指作为承包方的投标人根据招标人的招标条件，向招标人提交其依照招标文件的要求所编制的投标文件，即向招标人提出自己的报价，以期承包到该招标项目的行为。在招标人以招标公告或者投标邀请书的方式发出投标邀请后，具备承担该招标项目能力的法人或者其他组织即可在招标文件要求提交投标文件的截止时间之前，向招标人提交投标文件，参加投标竞争。

1. 施工投标文件应当包括的内容

（1）投标函即投标人的正式报价信。

（2）施工组织设计或者施工方案，包括总平面布置图，主要施工方法，机械选用，施工进度安排，保证工期、质量及安全的具体措施，拟投入的人力、关键人员、物力，并写明项目负责人，项目技术负责人的职务、职称、工作简历等。

（3）投标报价，要说明报价总金额中未包含的内容和要求招标单位配合的条件，应写明项目、数量、金额和未予包含的理由。对招标单位的要求应具体明确，并提出在招标单位不能给予配合情况下的报价和要求，如报价增加多少、工期延长要求及其他要求条件等。

（4）对招标文件的确认或提出新的建议。

（5）降低造价的建议和措施说明。

（6）投标保证金。

（7）拟分包项目情况。

（8）招标文件要求提供的其他资料。

2. 设备、材料投标文件的内容

根据《建设工程设备招标投标管理试行办法》，投标需要有投标文件。投标文件是评标的主要依据之一，应当符合招标文件的要求。其基本内容如下：

（1）投标书；

（2）投标设备数量及价目表；

（3）偏差说明书，即对招标文件某些要求有不同意见的说明；

（4）证明投标单位资格的有关文件；

（5）投标企业法定代表人授权书；

（6）投标保证金（根据需要定）；

（7）招标文件要求的其他需要说明的事项。

（二）投标文件的递交和修改

1. 投标文件的递交

投标文件编制完成后，按招标文件的要求将正本和副本装入投标书袋内，在袋口加贴密封条，并加盖单位公章和法定代表人印鉴，在规定的时间内送达招标人指定地点。标书可派专人送达，亦可挂号邮寄。招标人接到投标书经检查确认密封无误后，应登记签收保存，不得开启。在招标文件要求提交投标文件的截止时间后送达的投标文件，招标人应当拒收。有关投标文件的递交还应注意以下问题：

（1）投标人在递交投标文件的同时，应按规定的金额、担保形式和投标保证金格式递交投标保证金，并作为其投标文件的组成部分。联合体投标的，其投标保证金由牵头人递交，并应符合规定。投标保证金除现金外，可以是银行出具的银行保函、保兑支票、银行汇票或现金支票。投标保证金的数额不得超过投标总价的 2%，且最高不超过 80 万元。依法必须进行招标的项目的境内投标单位，以现金或者支票形式提交的投标保证金应当从其基本账户转出。投标人不按要求提交投标保证金的，其投标文件应被否决。出现下列情况的，投标保证金将不予返还：

1）投标人在规定的投标有效期内撤销或修改其投标文件；

2）中标人在收到中标通知书后，无正当理由拒签合同协议书或未按招标文件规定提交履约担保。

（2）投标有效期从投标截止时间开始计算，主要用作组织评标委员会评标、招标人定标、发出中标通知书，以及签订合同等工作，一般考虑以下因素：

1）组织评标委员会完成评标需要的时间；

2）确定中标人需要的时间；

3）签订合同需要的时间。

一般项目投标有效期为 60~90 天，大型项目 120 天左右。投标保证金的有效期应与投标有效期保持一致。出现特殊情况需要延长投标有效期的，招标人以书面形式通知所有投标人延长投标有效期。投标人同意延长的，应相应延长其投标保证金的有效期，但不得要求或被允许修改或撤销其投标文件；投标人拒绝延长的，其投标失效，但投标人有权收回其投标保证金。

（3）投标文件的密封和标识。投标文件的正本与副本应分开包装，加贴封条，并在封套上清楚标记“正本”或“副本”字样，于封口处加盖投标人单位章。

（4）投标文件的修改与撤回。在规定的投标截止时间前，投标人可以修改或撤回已递交的投标文件，但应以书面形式通知招标人。在招标文件规定的投标有效期内，投标人不得要求撤销或修改其投标文件。

（5）费用承担与保密责任。投标人准备和参加投标活动发生的费用自理。参与招标投标活动的各方应对招标文件和投标文件中的商业和技术等秘密保密，违者应对由此造成的后果承担法律责任。

2. 投标文件的修改和撤回

当投标文件发出后，如发现有遗漏或错误，允许进行补充修正，但必须在投标截止期前以正式函件送达招标人，否则无效。凡符合上述条件的补充修订文件，应视为标书附件，招标人不得拒收，并作为评标、决标的依据之一。如果投标文件发出后，投标人认为有很大异议，可以书面形式在投标截止日期前要求撤回投标文件，否则将作为正式投标文件进行评标、竞标。

第五节　施工阶段的工程造价管理

一、工程施工计量

（一）工程计量的概念及原则

1. 工程计量的概念

工程计量就是发承包双方根据合同约定，对承包人完成合同工程的数量进行的计算和确认。具体地说，就是双方根据设计图纸、技术规范及施工合同约定的计量方式和计算方法，对承包人已经完成的质量合格的工程实体数量进行测量与计算，并以物理计量单位或自然计量单位进行表示、确认的过程。招标工程量清单中所列的数量，通常是根据设计图纸计算的数量，是对合同工程的估计工程量。工程施工过程中，通常会有一些原因导致承包人实际完成工程量与工程量清单中所列工程量不一致，比如：招标工程量清单缺项、漏项或项目特征描述与实际不符；工程变更；现场施工条件的变化；现场签证；暂列金额中的专业工程发包等。因此，在工程合同价款结算前，必须对承包人履行合同义务所完成的实际工程进行准确的计量。

2. 工程计量一般遵循的原则

（1）计量的项目必须是合同（或合同变更）中约定的项目，超出合同规定的项目不予以计量。

（2）计量的项目应是已完工或正在施工项目的完工部分，即已经完成的分部分项工程。

（3）计量项目的质量应该达到合同规定的质量标准。

（4）计量项目资料齐全，时间符合合同规定。

（5）计量结果要得到双方工程师的认可。

（6）双方计量的方法一致。

（7）对承包人超出设计图纸范围和因承包人原因造成返工的工程量，不予计量。

（二）工程计量的重要性

1. 计量是控制工程造价的关键环节

工程计量是指根据设计文件及承包合同中关于工程量计算的规定，项目管理机构对承包商申报的已完成工程的工程量进行的核验。合同条件中明确规定工程量表中开列的工程量是该工程的估算工程量，不能作为承包商应予完成的实际和确切的工程量。因为工程量表中的工程量是在编制招标文件时，在图纸和规范的基础上估算的工作量，不能作为结算工程价款的依据，而必须通过项目管理机构对已完成的工程进行计量。经过项目管理机构计量所确定的数量是向承包商支付任何款项的凭证。

2. 计量是约束承包商履行合同义务的手段

计量不仅是控制项目投资费用支出的关键环节，同时也是约束承包商履行合同义务、强化承包商合同意识的手段。FIDIC 合同条件规定，业主对承包商的付款，是以工程师批准的付款证书为凭据的，工程师对计量支付有充分的批准权和否决权。对于不合格的工作和工程，工程师可以拒绝计量。同时，工程师通过按时计量，可以及时掌握承包商工作的进展情况和工程进度。当工程师发现工程进度严重偏离计划目标时，可要求承包商及时分析原因、采取措施、加快进度。因此，在施工过程中，项目管理机构可以通过计量支付手段，控制工程按合同进行。

（三）工程计量的依据

计量依据一般有质量合格证书、工程量清单前言和技术规范中的“计量支付”条款及设计图纸。也就是说，计量时必须以这些资料为依据。

1. 质量合格证书

对于承包商已完成的工程，并不是全部进行计量，而只是质量达到合同标准的已完工程才予以计量。所以，工程计量必须与质量管理紧密配合，经过专业工程师检验，工程质量达到合同规定的标准后，由专业工程师签署报验申请表（质量合格证书），只有质量合格的工程才予以计量。所以说，质量管理是计量管理的基础，计量又是质量管理的保障，通过计量支付，强化承包商的质量意识。

2. 工程量清单前言和技术规范

工程量清单前言和技术规范是确定计量方法的依据。因为工程量清单前言和技术规范的“计量支付”条款规定了清单中每一项工程的计量方法，同时还规定了按规定的计量方法确定的单价所包括的工作内容和范围。例如，某高速公路技术规范计量支付条款规定：所有道路工程、隧道工程和桥梁工程中的路面工程按各种结构类型及各层不同厚度分别汇总，以图纸所示或工程师指示为依据，按经工程师验收的实际完成数量，以平方米为单位分别计量。计量方法是根据路面中心线的长度乘以图纸所标明的平均宽度，再加单独测量的岔道、加宽路面、喇叭口和道路交叉处的面积，以平方米为单位计量。除工程师书面批准外，凡超过图纸所规定的任何宽度、长度、面积或体积均不予计量。

3. 设计图纸

单价合同以实际完成的工程量进行结算，但被工程师计量的工程数量，并不一定是承包商实际施工的数量。计量的几何尺寸要以设计图纸为依据，工程师对承包商超出设计图纸要求增加的工程量和自身原因造成返工的工程量，不予计量。例如，在某高速公路施工管理中，灌注桩的计量支付条款中规定按照设计图纸以延米计量，其单价包括所有材料及施工的各项费用。根据这个规定，如果承包商做了 35m，而桩的设计长度为 30m，则只计量 30m，业主按 30m 付款。承包商多做了 5m 灌注桩所消耗的钢筋及混凝土材料，业主不予补偿。

（四）工程计量的方法

工程师一般只对以下三方面的工程项目进行计量：

1. 工程量清单中的全部项目；

2. 合同文件中规定的项目；

3. 工程变更项目。

根据 FIDIC 合同条件的规定，一般可按照以下方法进行计量：

1. 均摊法

所谓均摊法，就是对清单中某些项目的合同价款，按合同工期平均计量，如为造价管理者提供宿舍、保养测量设备、保养气象记录设备、维护工地清洁和整洁等。这些项目都有一个共同的特点，即每月均有发生，所以可以采用均摊法进行计量支付。

2. 凭据法

所谓凭据法，就是按照承包商提供的凭据进行计量支付。如建筑工程险保险费、第三方责任险保险费、履约保证金等项目，一般按凭据法进行计量支付。

3. 估价法

所谓估价法，就是按合同文件的规定，根据工程师估算的已完成的工程价值支付。如为工程师提供办公设施和生活设施，为工程师提供用车，为工程师提供测量设备、天气记录设备、通信设备等项目。这类清单项目往往要购买几种仪器设备，当承包商对某一项清单项目中规定购买的仪器设备不能一次购进时，则需采用估价法进行计量支付。

4. 断面法

断面法主要用于取土坑或填筑路堤土方的计量。对于填筑土方工程，一般规定计量的体积为原地面线与设计断面所构成的体积。采用这种方法计量，在开工前承包商需测绘出原地形的断面，并需经工程师检查，作为计量的依据。

5. 图纸法

在工程量清单中，许多项目采取按照设计图纸所示的尺寸进行计量，如混凝土构筑物的体积、钻孔桩的桩长等。

6. 分解计量法

所谓分解计量法，就是将一个项目，根据工序或部位分解为若干子项。对完成的各子项进行计量支付。这种计量方法主要是为了解决一些包干项目或较大的工程项目的支付时间过长，影响承包商的资金流动等问题。

二、施工阶段工程造价管理对策

针对施工阶段工程造价管理对策现状，可以从如下几个方面开展控制工作：

（一）优化施工组织方案

建筑工程施工方案包括施工方法、进度、工序方案、用料方案、施工图设计诸多内容。施工方案是否合理、科学，直接决定了建筑工程造价控制的有效性，这更突出了建筑公司施工组织方案优化的重要性。在建筑工程施工方案设计阶段，管理单位就应该组织相关人员深入分析、审查，以确保所有经济指标为最佳组合方案，切实达到建筑资金节约，工程造价有效控制的目的。同时，在建筑工程施工建设前应该做好建筑施工设计图的优化工作。优化设计图，就是要提升施工图纸的准确性与经济性，减少因实际施工中其他因素造成的资金浪费。此外，在实际施工作业中要重视对各项施工费用的控制工作，严格控制建筑耗材浪费，积极发挥计算机信息技术在工程造价控制中的重要作用，以持续提升建材的利用率。

（二）严格控制施工变更

在建筑工程施工作业阶段通常难以完全避免工程变更，只能够通过某些措施减少发生变更的可能性。由于建筑工程施工图纸与实际施工作业会存在部分差异，假如在实际施工作业中无法按照预先设计的施工图纸作业时就需要进行工程变更。为减少工程变更，就要求施工造价控制工作人员认真审核施工设计图纸等方案内容。当工程施工变更对建筑工程总造价产生一定影响时，就需要深入评估是否对建筑工程的功能、外形等产生影响，以避免不必要的建筑工程资金费用支出，确保建筑工程的资金支出在工程造价控制范围内。同时，在建筑工程实际施工作业阶段，除了需要控制工程变更外，还应该在前期做好图纸审核工作，尽早查找、分析施工设计图纸中存在的漏洞，并及时采取积极有效的对策。因而，在建筑工程施工作业开展前，就应该安排组织项目甲方与乙方一同会审设计图纸，确保技术人员将设计问题消灭在萌芽状态。

（三）动态跟踪施工造价管理

建筑工程造价控制工具具有较强的变动性，是造价管理存在诸多风险的重要因素。工程施工阶段工程造价难以有效开展与其动态性息息相关。因而，在施工作业阶段管理人员应该重视造价控制的动态跟踪与核对工作，清晰地意识到价格变动及工程自身可能存在的变动性，对造价控制均会带来较大的影响，这要求管理人员重复了解市场动态，并根据施工进度及市场情况分析施工后续所需要的费用成本。

（四）提升施工工程造价管理人员专业技能

建筑工程造价管理与控制所涉及的面大，复杂程度较大，具有较高的管理与控制难度。想要提升建筑工程造价管理工作的有效性，就要求持续提升工程造价控制工作人员的综合素质，持续提升其专业知识的专业程度、提升其市场价格的洞察能力。同时，还应该做好相关思想政治培训工作，以培养其认真负责的工作态度。此外，还应该做好管理工作人员的沟通技巧培训工作，促使其与施工作业人员更为高效地展开沟通工作，切实提升工程造价工作开展的有效性。

第六节　竣工验收阶段工程造价管理

一、套用单价

工程竣工结算造价定额的形式和内容，具有权威性和科学性的基本要求，为便于计算单位和数量标准的执行，除了需要审核直接套用的定额单价，还需要保证换算定额单价和补充定额单价的准确性。譬如建筑工程主材料价格套用时，包括花岗石、木材、外墙装饰板等在内的高限价材料，在没有超过最高限价时，是否按照定额规定计补价差。另外还需要明确定额人工、材料、机械等费用的允许换算内容，所采用的换算方法和系数是否准确，以及材料、人工、机械等预算价格的检查编制方法是否准确等。

二、施工单位多引起工程重复造价

工程建设的参与单位多，包括设计承包方、供货承包方、土建施工单位、安装施工单位、技术服务承包方等。不同的专业单位之间，接口复杂，工程的施工范围不可避免地有所重叠，在进行工程结算过程中，容易引起工程造价的重复计算。为避免重复结算，造价人员必须明确工程合同的施工范围约定，掌握不同定额体系之间关于工作内容的界定，分清定额的适用范围，才能合理地控制工程造价。

三、工程量计算上冒算、多算的问题

工程量是按照定额约定计算规则计算所得，用物理单位或自然计量单位对建筑物各分部、分项工程或结构建构的数量进行表示。工程量的含义如下：计量单位和工程数量。由于工程量与建筑物各分部分项工程或结构构建的数量有着直接关系，所以编制单位在计算时不按定额约定的计算规则计算，常常会有冒算、多算等情况。在定额的计算规则上要求以中线计算的编制时却以外边线算，计算规则上要求以立方米计算，编制时却以平方米计算，还有一些工程项目有两家施工单位交叉作业，算量时经常出现重复计算的现象。

四、提高材料价格

材料价格的提高体现在材料的实际量比工程的使用量要多，另外还有材料的实际价格比市场价格高出很多。材料一般有两种来源，一种是从定额里直接调出来的，另一种是由于套定额时，定额的材料分析里没有这种材料，借用的定额子目，套用时不相关的材料没有去掉。针对定额里调出来的材料主要是工程量计算错误和重复套定额调出来的。

这就要求编制单位在计算工程量和套定额时熟悉定额的计算规则和定额子目的适用范围。针对第二种定额里没有的材料经建设单位综合考虑以后借用定额里的人工和机械。另外，有的不适用于套用任何定额，建设单位要综合考虑此材料的安装、机械费即人、材、机综合取费以后的综合单价，不管哪一种都不能在编制时重复出现已定价的材料名称来增大材料量，以此来提高材料价格。还有一些材料施工单位在报价时，本地材料开的却是外地材料的购货发票，用运输距离来提高材料价格，还有就是由于报价时材料的规格型号不清楚，导致材料价格比市场实际价格高太多。调整材料价差时只调整主要材料的材料差，一些辅助材料已包含在辅助费里面了。在计算调差时编制人员见材料就调，并且辅助材料也按建设单位测算的辅助材料系数调整了，用此重复调整材料差来达到提高材料价格的目的。

五、费用审核结算阶段的费用核算

以工程造价管理部门所提供的文件规定为基准，以及结合施工合同、招投标书等文件，合理确定费用率，但在费用审核期间，一方面要保证以上作为审核依据的合同文件等的时效性，譬如取费表的内容与工程的性质是否一致，以及费率的计算方法是否适用于本工程。另一方面是在调整材料、机械、人工等价差的时候，也要基于取费的基础，合理调整费率或者总价的上下浮动幅度，尤其是新增的项目，在结算期间要重点注意。

第五章　建设工程组织与管理

第一节　建设工程项目的组织

一、传统的项目组织机构的基本形式（20 世纪 50 年代以前）

（一）直线式项目组织机构

特点：没有职能部门，企业最高领导层的决策和指令通过中层、基层领导纵向一根直线式地传达给第一线的职工，每个人只接受其上级的指令，并对其上级负责。缺点：所有业务集于各级主管人员，领导者负担过重，同时其权力也过大，易产生官僚主义。

（二）职能式项目组织机构

职能式项目组织机构是专业分工发展的结果，最早由泰勒提出。

特点：强调职能专业化的作用，经理与现场没有直接关系，而是由各职能部门的负责人或专家去指挥现场与职工。

缺点：过于分散权力，有碍于命令的统一性，容易形成多头领导，也易产生职能的重复或遗漏。

（三）直线职能式项目组织机构

直线职能式项目组织机构力图取以上二者的优点，避开以上二者的缺点。既能保持直线式命令系统的统一性和一贯性，又能采纳职能式专业分工的优点。

特点：各职能部门与施工现场均受到公司领导的直接领导。各职能部门对各施工现场起指导、监督、参谋作用。

二、建设项目组织管理体制

（一）传统的组织管理体制

1. 建设单位自管方式

建设单位自管方式即基建部门负责制（基建科）——中、小项目。

建设单位自管方式是我国多年来常用的建设方式，是由建设单位自己设置基建机构，负责支配建设资金、办理规划手续及准备场地、委托设计、采购器材、招标施工、验收工程等全部工作，有的还自己组织设计、施工队伍，直接进行设计施工。

2. 工程指挥部管理方式即企业指挥部负责制——各方人员组成，适合大中型项目

在计划经济体制下，我国过去一些大型工程项目和重点工程项目多采用这种方式。指挥部通常由政府主管部门指令各有关方面派代表组成。近几年在进入社会主义市场经济的条件下，这种方式已不多见。

（二）改革的必然性及趋势

1. 改革的必然性

（1）工程项目建设社会化、大生产化和专业化的客观要求。

（2）市场经济发展的必然产物。

（3）适应经济管理体制改革的需要。

2. 改革的趋势

（1）在工程项目管理机构上，要求其必须形成一个相对独立的经济实体，并且有法人资格。

（2）在管理机制上，要以经济手段为主、行政手段为辅，以竞争机制和法律机制为工程项目各方提供充分的动力和法律保证。

（3）使工程项目有责、权、利相统一的主管责任制。

（4）甲、乙双方项目经理实施沟通。

（5）人员素质的知识结构合理，专业知识和管理知识并存。

3. 科学地建立项目组织管理体系

（1）总承包管理方式

总承包管理方式，是业主将建设项目的全部设计和施工任务发包给一家具有总承包资质的承包商。这类承包商可能是具备很强的设计、采购、施工、科研等综合服务能力的综合建筑企业，也可能是由设计单位、施工企业组成的工程承包联合体。我国把这种管理组织形式叫作“全过程承包”或“工程项目总承包”。

（2）工程项目管理承包方式

建设单位将整个工程项目的全部工作，包括可行性研究、场地准备、规划、勘察设计、材料供应、设备采购、施工监理及工程验收等全部任务，都委托给工程项目管理专业公司去做。工程项目管理专业公司派出项目经理，再进行招标或组织有关专业公司共同完成整个建设项目。

（3）三角管理方式

这是常用的一种建设管理方式，是把业主、承包商和工程师三者相互制约、互相依赖的关系形象地用三角形关系来表述。其中，由建设单位分别与承包单位和咨询公司签订合

同，由咨询公司代表建设单位对承包单位进行管理。

（4）BOT 方式

BOT 是 Build-Operate-Transfer 的缩写，可直称“建设—经营—转让方式”，或称为投资方式，有时也被称为“公共工程特许权”。BOT 方式是 20 世纪 80 年代中期由已故土耳其总理奥扎尔提出的，其初衷是通过公共工程项目私有化解决政府资金不足问题，取得了成功，随之形成以投资方式特殊为特征的 BOT 方式。通常所说的 BOT 至少包括以下三种方式：

1）标准 BOT，即建设—经营—转让方式。私人财团或国外财团愿意自己融资，建设某项基础设施，并在东道国政府授予的特许经营期内经营该公共设施，以经营收入抵偿建设投资，并取得一定收益，经营期满后将该设施转让给东道国政府。

2）BOOT，即建设—拥有—经营—转让方式。BOT 与 BOOT 的区别在于：BOOT 在特许期内既拥有经营权也拥有所有权，此外，BOOT 的特许期比 BOT 长一些。

3）BOO，即建设—拥有—经营方式。该方式特许承建商根据政府的特许权，建设并拥有某项公共基础设施，但不将该设施移交给东道国政府。

以上三种方式可统称为BOT方式，也可称为广义的BOT方式。BOT方式对政府、承包商、财团均有好处，近年来在发展中国家得到广泛应用，我国已在 1993 年决定采用，以引进外资用于能源、交通运输基础设施建设。BOT 方式说明，投资方式的改变，带动了项目管理方式的改变。BOT 方式是一种从开发管理到物业管理的全过程的项目管理。

三、建筑工程项目进度管理

（一）建筑工程进度管理概述

1. 进度与进度管理的概念

建筑工程项目进度控制是根据建筑工程项目的进度目标，编制经济合理的项目进度计划，并据以检查工程项目进度计划的执行情况，若发现实际执行情况与计划进度不一致时，应及时分析原因，并采取必要的措施对原工程进度计划进行调整或修正的过程。建筑工程项目进度控制是一个动态、循环、复杂的过程，也是一项效益显著的工作，它包括对项目进度目标的分析和论证，在收集资料和调查研究的基础上编制进度计划，跟踪检查和调整的进度计划。

（1）进度与进度指标

进度通常是指工程项目实施结果的进展情况，在工程项目实施过程中，要消耗时间（工期）、劳动力、材料、成本等才能完成项目的任务，项目实施结果应该以项目任务的完成情况（如工程的数量）来表达。但由于工程项目对象系统（技术系统）的复杂性，常常很难选定一个恰当的、统一的指标来全面反映工程的进度。同时，可能会导致时间和费用与计划都吻合但工程实物进度（工作量）未达到目标，则后期就必须投入更多的时间和费用。

在现代施工项目管理中，人们已赋予进度以综合的含义，即将工程项目任务、工期、成本有机地结合起来，形成一个综合指标，能全面反映项目的实施状况。工程活动包括项目结构图上各个层次的单元，上至整个项目，下至各个具体工作单元（有时直至最低层次网络上的工程活动）。项目进度状况通常是通过各工程活动进度（完成百分比）逐层统计汇总计算得到的。进度指标的确定对进度的表达、计算、控制有很大的影响，通常人们用以下几种量来描述进度：

1）持续时间

人们常用已经使用的工期与工程的计划工期相比较来描述工程完成程度，但同时应注意区分工期与进度在概念上的不一致性。工程的效率和速度不是一条直线，一般情况下，工程项目开始时工作效率很低、工程速度较低；到工程中期投入最大，工程速度最快；而后期投入又较少。所以，工期进行一半，并不能表示进度达到了一半，在已进行的工期中，有时还存在各种停工、窝工等工程干扰因素，实际效率远低于计划的工作效率。

2）工程活动的结果状态数量

这主要针对专门的领域，其生产对象和工程活动都比较简单。如混凝土工程按体积管道按长度、预制件按数量，土石方按体积或运载量等计算。特别是当项目的任务仅为完成某个分部工程时，以此为指标比较客观地反映实际状况。

3）共同适用的某个工程计量单位

由于一个工程有不同的工作单元、子项目，它们有不同性质的工程，必须挑选一个共同的、对所有工作单元都适用的计量单位，最常用的有劳动工时的消耗、成本等。它们有统一性和较好的可比性，即各个工程活动直到整个项目都可用它们作为指标，这样可以统一分析尺度。

（2）进度管理

工程项目进度管理是指根据进度目标的要求，对工程项目各阶段的工作内容、工作程序、持续时间和衔接关系编制计划，将该计划付诸实施，在实施的过程中，经常检查实际工作是否按计划要求进行，对出现的偏差分析原因，采取补救措施或调整、修改原计划直至工程竣工、交付使用。进度管理的最终目的是确保项目工期目标的实现。

工程项目进度管理是建筑工程项目管理的一项核心管理职能。由于建筑项目是在开放的环境中进行的，置身于特殊的法律环境之下，且生产过程中的人员、工具与设备的流动性及产品的单件性等都决定了进度管理的复杂性及动态性，必须加强项目实施过程中的跟踪控制。

进度控制与质量控制、投资控制是工程项目建设中并列的三大目标之一，它们之间有着密切的相互依赖和制约关系。通常，进度加快，需要增加投资，但工程能提前使用就可以提高投资效益；进度加快有可能影响工程质量，而质量控制严格则有可能影响进度，但如因质量的严格控制而不致返工，又会加快进度。因此，项目管理者在实施进度管理工作中，要对三个目标全面系统地加以考虑，正确处理进度、质量和投资的关系，提高工程建设的综合效益。特别是对一些投资较大的工程，在采取进度控制措施时，要特别注意其对成本和质量的影响。

2. 建筑工程项目进度管理目标的制定

建筑工程项目进度管理目标的制定应在项目分解的基础上确定。其包括项目进度总目标和分阶段目标，也可根据需要确定年、季、月、旬（周）目标，里程碑事件目标等。里程碑事件目标是指关键工作的开始时刻或完成时刻。

在确定施工进度管理目标时，必须全面细致地分析与建设工程项目进度有关的各种有利因素和不利因素，只有这样才能制定一个科学、合理的进度管理目标。确定施工进度管理目标的主要依据如下：工程总进度目标对施工工期的要求；工期定额类似工程项目的实际进度；工程难易程度和工程条件的落实情况。

在确定施工进度管理目标时，还要考虑以下几个方面：

（1）对于大型建筑工程项目，应根据尽早提供可动用单元的原则，集中力量分期分批建设，以便尽早投入使用，尽快发挥投资效益。这时，为保证每一动用单元能形成完整的生产能力，就要考虑这些动用单元交付使用时所必需的全部配套项目。因此，要处理好前期动用和后期建设的关系、每期工程中主体工程与辅助及附属工程之间的关系等。

（2）结合本工程的特点，参考同类建设工程的经验来确定施工进度目标，避免只按主观愿望盲目确定进度目标，从而在实施过程中造成进度失控。

（3）合理安排土建与设备的综合施工。按照它们各自的特点，合理安排土建施工与设备基础、设备安装的先后顺序及搭接、交叉或平行作业，明确设备工程对土建工程的要求和土建工程为设备工程提供施工条件的内容及时间。

（4）做好资金供应能力、施工力量配备、物资（包括材料、构配件、设备等）供应能力与施工进度的平衡工作，确保工程进度目标的要求，从而避免工程进度目标落空。

（5）考虑外部协作条件的配合情况，包括施工过程中及项目竣工动用所需的水、电、气、通信、道路及其他社会服务项目的满足程度和满足时间。这些必须与有关项目的进度目标相协调。

（6）考虑工程项目所在地区地形、地质、水文、气象等方面的限制条件。

3. 建筑工程项目进度控制的基本原理

（1）动态控制原理

工程项目进度控制是一个不断变化的动态过程。在项目开始阶段，实际进度应按照计划进度的规划进行，但由于外界因素的影响，实际进度的执行往往会与计划进度出现偏差，即产生超前或滞后的现象。这时通过分析偏差产生的原因，采取相应的改进措施，调整原来的计划，使二者在新的起点上重合，并通过发挥组织管理作用，使实际进度继续按照计划进行。一段时间后，实际进度和计划进度又会出现新的偏差。如此，工程项目进度控制出现了一个动态的调整过程，这就是动态控制的原理。

（2）封闭循环原理

建筑工程项目进度控制的全过程是一个计划、实施、检查、比较分析、确定调整措施、再计划的封闭的循环过程。

（3）弹性原理

建筑工程项目的进度计划工期长，影响因素多，因此进度计划的编制就会留有空余时间，使计划进度具有弹性。进行进度控制时就应利用这些弹性时间，缩短有关工作的时间，或改变工作之间的搭接关系，使计划进度和实际进度达到吻合。

（4）信息反馈原理

信息反馈是建筑工程项目进度控制的重要环节，施工的实际进度通过信息反馈给基层进度控制工作人员，在分工的职责范围内，信息经过加工逐级反馈给上级主管部门，最后到达主控制室，主控制室整理统计各方面的信息，经过比较分析做出决策，调整进度计划。进度控制不断调整的过程实际上就是信息不断反馈的过程。

（5）系统原理

工程项目是一个大系统，其进度控制也是一个大系统。进度控制中计划进度的编制受到许多因素的影响，不能只考虑某一个因素或某几个因素。进度控制组织和进度实施组织也具有系统性。因此，建筑工程项目进度控制具有系统性，应该综合考虑各种因素的影响。

（6）网络计划技术的原理

网络计划技术的原理是工程进度控制的计划管理和分析计算的理论基础。在进度控制中既要利用网络计划技术原理编制进度计划，根据实际进度信息比较和分析进度计划，又要利用网络计划的工期优化、工期与成本优化和资源优化的理论技术调整计划。

4. 建筑工程项目进度控制的目的

建筑工程项目进度控制的目的是通过控制以实现工程的进度目标。通过进度计划控制，可以有效保证进度计划的落实与执行，减少各单位和部门之间的相互干扰，确保工程项目的工期目标及质量、成本目标的实现；同时也为可能出现的施工索赔提供依据。

施工方是工程实施的一个重要参与方，许多工程项目，特别是大型重点建设工程项目，工期要求十分紧迫，施工方的工程进度压力非常大。施工方一天两班制施工，甚至 24 小时连续施工时有发生。如果施工方不是正常有序地施工，而盲目赶工，难免会导致施工质量的问题和施工的安全问题，并且会引起施工成本的增加。因此，建筑工程项目进度控制不仅关系到施工进度目标能否实现，还直接关系到工程的质量和成本。在工程施工实践中，必须树立和坚持一个最基本的工程管理原则，即在确保工程质量的前提下，控制工程的进度。为了有效地控制施工进度，尽可能摆脱因进度压力而造成工程组织的被动，施工方的有关管理人员应深化理解以下几点：

（1）整个建筑工程项目的进度目标如何确定。

（2）影响整个建筑工程项目进度目标实现的主要因素有哪些。

（3）如何正确处理工程进度和工程质量的关系。

（4）施工方在整个建筑工程项目进度目标实现中的地位和作用。

（5）影响施工进度目标实现的主要因素。

（6）建筑工程项目进度控制的基本理论、方法、措施和手段等。

5. 建筑工程项目进度控制的任务

工程项目进度管理是项目施工中的重点控制之一，是保证工程项目按期完成、合理安排资源供应、节约工程成本的重要措施。建设工程项目不同的参与方都有各自的进度控制的任务，但都应该围绕着投资者早日发挥投资效益的总目标去展开。以下为工程项目不同参与方的进度管理任务和涉及的时段。

（1）业主方

业主方控制整个项目实施阶段的进度。其涉及的时段为设计准备阶段、设计阶段、施工阶段、物资采购阶段、动用前准备阶段。

（2）设计方

设计方依据设计任务委托合同控制设计进度，满足施工、招投标、物资采购进度协调的要求。其涉及的时段为设计阶段。

（3）施工方

施工方依据施工任务委托合同控制施工进度。其涉及的时段为施工阶段。

（4）供货方

供货方依据供货合同控制供货进度。其涉及的时段为物资采购阶段。

（二）建筑工程进度管理方法

1. 明确施工进度控制目标

在建设项目的施工进度控制和管理中，必须有一个明确的工作目标，使建筑能够建成。对工程的施工进度管理可以有目的地进行管理，从而有效地提高工程的进度管理水平。因此，施工企业需要根据工程建设的实际情况，进行施工进度控制、系统目标的确定。例如，施工企业需要在施工前规范各项准备工作，使其具有良好的工程施工条件，进而对建设项目的施工过程进行划分。施工重点要特别对待，施工重点要作为牵引工程进度的主要负荷。这样，建筑工程就可以有效地复杂化为顺序，进而促进施工进度，可以有效缩短建设项目的工期。

2. 完善建筑工程进度管理措施

建筑工程进度管理措施在建筑工程施工当中的应用对于建筑工程施工进度管理能否得到有效的落实有着十分重要的作用。所以，在开展建筑工程进度管理时，相关人员一定要树立正确的管理意识，加快推进进度管理的全面落实，在实际运用当中不断地完善和改进各项管理制度，按照工程的实际需求科学合理地制订各项施工计划。与此同时，还要做好对施工人员的培训工作，增强施工人员的进度意识，发挥施工人员在进度管理当中的主观能动性。

3. 健全施工进度控制管理制度

在建筑工程施工进度管理中，其管理体系是一个不可或缺的内容，正朝建设的方向发展。进度管理的质量和效率发挥着重要作用，因此，建筑施工企业面临着工程项目的进度管理。为了完善施工进度控制和管理制度，有必要对该制度认真分析。例如，施工企业可以建立标准化的进度内容管理制度，明确规定进度管理的各个环节的内容，施工人员需要记录施工的每一项内容，然后管理人员根据这些记录对内容进行分析。当他们管理时，就可以形成一定的管理模式。此外，企业还可以建立相应的考核体系，对进度管理人员的工作情况和技能水平进行考核，确保其能力满足管理要求。由于施工过程内容的复杂性，如果没有标准化的施工进度管理内容，将导致进度管理过程中的漏洞，也将埋下建设项目的安全隐患。因此，建筑施工企业需要对自身的施工进度进行全面规划，规范施工进度。例如，建筑企业可以在建筑规划和管理中采用先进的工人、工程网络技术，通过对建设项目建设内容的分析，可以了解海关的管理。抓好各项管理工作的环节，合理地制订科学的施工进度。进度管理策划为后期施工进度管理提供了良好的管理依据。另外，在施工在编制管理方案的过程中，必须对施工组织进行有效的设计，以保证施工的顺利进行、有效的质量控制。

（三）建筑工程进度影响因素分析

为了对建设工程施工进度进行有效的控制，必须在施工进度计划实施之前对影响建设工程施工进度的因素进行分析，进而提出保证施工进度计划实施成功的措施，以实现对建设工程施工进度的主动控制。影响建设工程施工进度的因素有很多，归纳起来，主要有以下几个方面：

1. 工程建设相关单位的影响

影响建设工程施工进度的单位不只是施工承包单位，事实上，只要是与工程建设有关的单位（如政府部门、业主、设计单位、物资供应单位、资金贷款单位以及运输、通信、供电部门等），其工作进度的拖后必将对施工进度产生影响。因此，控制施工进度仅考虑施工承包单位是不够的，必须充分发挥监理的作用，协调各相关单位之间的进度关系。而对于无法进行协调控制的进度关系，在进度计划的安排中应当留有足够的机动时间。

2. 物资供应进度的影响

施工过程中需要的材料、构配件、机具和设备等如果不能按期运抵施工现场或者运抵施工现场后发现其质量不符合有关标准的要求，都会对施工进度产生影响。因此，应当严格把关，采取有效的措施控制好物资供应进度。

3. 资金的影响

工程施工的顺利进行必须有足够的资金做保障。一般来说，资金的影响主要来自业主，或者是由于没有及时给足工程预付款，或者是由于拖欠了工程进度款，这些都会影响到承包单位流动资金的周转，进而影响施工进度。管理人员应根据业主的资金供应能力，安排好施工进度计划，并督促业主及时拨付工程预付款和工程进度款，以免因资金供应不足拖延进度，导致工期索赔。

4. 设计变更的影响

在施工过程中出现设计变更是难免的，或者是由于原设计有问题需要修改，或者是由于业主提出了新的要求。管理人员应加强对图纸的审查，严格控制随意变更，特别应对业主的变更要求进行制约。

5. 施工条件的影响

在施工过程中一旦遇到气候水文、地质及周围环境等方面的不利因素，必然会影响到施工进度。此时，承包单位应利用自身的技术组织能力予以克服，管理人员应积极疏通关系，协助承包单位解决自身不能解决的问题。

6. 各种风险因素的影响

风险因素包括政治经济、技术及自然等方面的各种可预见或不可预见的因素。政治方面的有战争、内乱罢工、拒付债务、制裁等；经济方面的有延迟付款、汇率浮动、换汇控制、通货膨胀、分包单位违约等；技术方面的有工程事故、试验失败、标准变化等；自然方面的有地震、洪水等。管理人员必须对各种风险因素进行分析，提出控制风险、减少风险损失及对施工进度影响的措施，并对发生的风险事件给予恰当的处理。

（四）建筑工程项目进度计划编制

1. 施工进度计划的表示方法

编制项目进度计划通常需要借助两种方式，即文字说明与各种进度计划图表，其中前者是用文字形式说明各时间阶段内应完成的项目建设任务，以及所要达到的项目进度要求；后者是指用图表形式来表达项目建设各项工作任务的具体时间顺序安排。根据图表形式的不同，项目进度计划的表达有横道图、斜线图、线型图、网络图等形式。

（1）用横道图表示项目进度计划

横道图有水平指示图表和垂直指示图表两种。在水平指示图表中，横坐标表示流水施工的持续时间，纵坐标表示开展流水施工的施工过程、专业工作队的名称、编号和数目，呈梯形分布的水平线表示流水施工的开展情况；在垂直指示图表中，横坐标表示流水施工的持续时间，纵坐标表示开展流水施工所划分的施工段编号，n 条斜线段表示各专业工作队或施工过程开展流水施工的情况。

横道图表示法的优点是表达方式比较直观，使用方便，很容易看懂，绘图简单方便，计算工作量小。其缺点是工序之间的逻辑关系不易表达清楚，适用于手工编制，不便于用计算机编制。由于不能进行严格的时间参数计算，故其不能制订计划的关键工作、关键线路与时差，计划调整只能采用手工方式，工作量较大。这种计划难以适应大进度计划系统的需要。

（2）用网络图表示项目进度计划

网络图的表达方式有单代号网络图和双代号网络图两种。单代号网络图是指组织网络图的各项工作由节点表示，以箭线表示各项工作的相互制约关系，采用这种符号从左向右绘制而成的网络图；双代号网络图是指组成网络图的各项工作由节点表示，以箭线表示工作的名称，将工作的名称写在箭线上方，将工作的持续时间（小时、天、周）写在箭线下方，箭尾表示工作的开始，箭头表示工作的结束，采用这种符号从左向右绘制而成的网络图。与横道图相比，网络图的优点是网络计划能明确表达各项工作之间的逻辑关系；通过网络时间参数的计算，可以找到关键线路和关键工作；通过网络时间参数的计算，可以明确各项工作的机动时间；网络计划可以利用电子计算机进行计算、优化和调整。其缺点是计算劳动力、资源消耗时间，与横道图相比较困难，不像横道计划那样直观明了，但这可以通过绘制时标网络计划得到弥补。

2. 施工总进度计划的编制程序

施工总进度计划一般是建设工程项目的施工进度计划，是用来确定建设工程项目中所包含的各单位工程的施工顺序、施工时间及相互衔接关系的计划。编制施工总进度计划的依据包括施工总方案、资源供应条件、各类定额资料、合同文件、工程项目建设总进度计划及有关技术经济资料等。

（1）计算工程量

根据批准的工程项目一览表，按单位工程分别计算其主要实物工程量，不仅是为了编制施工总进度计划，还为了编制施工方案和选择施工、运输机械，初步规划主要施工过程的流水施工，以及计算人工、施工机械及建筑材料的需要量。因此，工程量只需粗略计算即可。

（2）确定各单位工程的施工期限

各单位工程的施工期限应根据合同工期确定，同时还要考虑建筑类型、结构特征、施工方法、施工管理水平、施工机械化程度及施工现场条件等因素。如果在编制施工总进度计划时没有合同工期，则应保证计划工期不超过工期定额。

（3）确定各单位工程的搭接关系

确定各单位工程的开竣工时间和相互搭接关系，主要应考虑以下几点：一是同一时期施工的项目不宜过多，以避免人力、物力过于分散；二是尽量做到均衡施工，以使劳动力、机械和材料的供应在整个工期范围内达到均衡；三是尽量提前建设可供工程施工使用的永久性工程，以节省临时工程费用；四是急需和关键的工程先施工，以保证工程项目如期交工——对于某些技术复杂施工周期较长、施工困难较多的工程，亦应安排提前施工，以利于整个工程项目按期交付使用；五是施工顺序必须与主要生产系统投入生产的先后次序相吻合，同时还要安排好配套工程的施工时间，以保证建成的工程能迅速投入生产或交付使用；六是应注意季节对施工顺序的影响，使施工季节不导致工期拖延，不影响工程质量；七是安排一部分附属工程或零星项目作为后备项目，用以调整主要项目的施工进度；八是注意主要工种和主要施工机械能连续施工。

（4）编制初步施工总进度计划

施工总进度计划应安排全工地性的流水作业，全工地性的流水作业安排应以工程量大、工期长的单位工程为主导，组织若干条流水线，并以此带动其他工程。施工总进度计划既可以用横道图表示，也可以用网络图表示。由于采用网络计划技术控制工程进度更加有效，所以人们更多地开始采用网络图来表示施工总进度计划。特别是电子计算机的广泛应用，为网络计划技术的推广和普及创造了更加有利的条件。

（5）编制正式施工总进度计划

初步施工总进度计划编制完成后，要对其进行检查，主要是检查总工期是否符合要求，资源使用是否均衡且其供应是否能得到保证。如果出现问题，则应进行调整，调整的主要方法是改变某些工程的起止时间或调整主导工程的工期。如果是网络计划，则可以利用计算机分别进行工期优化、费用优化及资源优化。当初步施工总进度计划经过调整符合要求后，即可编制正式的施工总进度计划。

3. 单位工程施工进度计划编制程序

单位工程施工进度计划是在既定施工方案的基础上，根据规定的工期和各种资源供应条件，对单位工程中的各分部分项工程的施工顺序、施工起止时间及衔接关系进行合理安排的计划。其编制的主要依据包括施工总进度计划、单位工程施工方案、合同工期或定额工期、施工定额施工图和施工预算、施工现场条件、资源供应条件、气象资料等。

（1）划分工作项目

施工项目的划分主要考虑下述要求：

第一，施工项目划分粗细要求。施工项目划分的粗细程度主要取决于客观需要。一般来说，编制控制性施工进度计划时，项目可以划分得粗一些，只列出施工阶段及各施工阶段的分部工程名称。编制指导性施工进度计划时，项目则要求划分得细一些，特别是其中主导工程和主要分部工程，应尽量做到详细具体不漏项，这样便于掌握施工进度，指导施工。

第二，划分施工项目，要结合施工方案选择的要求。施工方案中所确定的施工开展程序、施工阶段划分、施工阶段各项主要施工工作及其施工方法，不仅关系到施工项目的名称、数量和内容的确定，而且也影响到施工顺序的安排，因为施工进度表中的项目顺序的排列，基本上是按照施工先后顺序列出的。例如，工业厂房基础施工，当选择采用敞开式施工方案时，则厂房柱基础和设备基础施工应同时进行，甚至可以合并为一个施工项目，如果组织施工时，一个先做，另一个跟着后施工，也可分列为两项；当选择采用封闭式施工方案时，则设备基础工程的若干施工过程应单独列出，而且它的施工开始时间（施工顺序）应当列在结构吊装工程完成之后、地面施工开始之前。

第三，抹灰工程应分、合相结合。多层结构的内、外抹灰应分别列出施工项目，内外有别，分合相结合。外墙抹灰工程，可能有若干种装饰抹灰的做法，但一般情况下合并列为一项，如有瓷砖贴面等装饰，可分别列项；室内的各种抹灰，一般来说，要分别列项，如楼地面（包括踢脚线）抹灰、天棚及墙面抹灰、楼梯间及踏步抹灰等，以便组织安排，指导施工开展的先后顺序。

第四，现浇钢筋混凝土的列项要求。根据施工组织和结构特点，一般可分为支模、扎筋浇筑混凝土等施工项目。现浇框架结构分项可细一些，如分为绑扎柱钢筋、安装柱模板、浇筑柱混凝土、安装梁模板、绑扎梁钢筋、浇筑梁混凝土、养护、拆模等施工项目。但在砖混结构中，现浇工程量不大的钢筋混凝土工程一般不再细分，可合并为一项，由施工班组各工种互相配合施工。

（2）确定施工顺序

确定施工顺序是为了按照施工的技术规律和合理的组织关系，解决各工作项目之间在时间上的先后和搭接问题，以达到保证质量、安全施工、充分利用空间、争取时间、实现合理安排工期的目的。一般说来，施工顺序受施工工艺和施工组织两方面的制约。当施工方案确定之后，工作项目之间的工艺关系也就确定。工作项目之间的组织关系不是由工程本身决定的，而是一种人为的关系。组织方式不同，组织关系也就不同，不同的组织关系会产生不同的经济效果，应通过调整组织关系，并将工艺关系和组织关系有机地结合起来，形成工作项目之间的合理顺序关系。

（3）计算工程量

计算工程量应根据施工图和工程量计算规则，针对所划分的每一个工作项目进行。当编制施工进度计划时已有预算文件，且工作项目的划分与施工进度计划一致时，可以直接套用施工预算的工程量，不必重新计算。若某些项目有出入，但出入不大时，应结合工程的实际情况进行某些必要的调整。计算工程量时应注意：工程量的计算单位应与现行定额手册中所规定的计量单位一致；要结合具体的施工方法和安全技术要求计算工程量；应结合施工组织的要求，按已划分的施工段分层分段进行计算。

（五）建筑工程进度计划实施中的实施与监测

1. 施工进度计划的实施

实施施工进度计划，要做好三项工作，即编制年、月、季、旬、周进度计划和施工任务书，通过班组实施；记录现场实际情况；调整控制进度计划。

（1）编制月、季、旬、周作业计划和施工任务书

施工组织设计中编制的施工进度计划，是按整个项目（或单位工程）编制的，也带有一定的控制性，但还不能满足施工作业的要求。实际作业时是按季、月、旬、周作业计划和施工任务书执行的。

作业计划除依据施工进度计划编制外，还应依据现场情况及季、月、旬、周的具体要求编制。计划以贯彻施工进度计划、明确当期任务及满足作业要求为前提。施工任务书是一份计划文件，也是一份核算文件，又是原始记录。它把作业计划下达到班组，并将计划执行与技术管理、质量管理、成本核算、原始记录、资源管理等融为一体。

施工任务书一般由工长根据计划要求、工程数量、定额标准、工艺标准、技术要求、质量标准、节约措施、安全措施等为依据进行编制。

任务书下达班组时，由工长进行交底。交底内容为交任务、交操作规程、交施工方法、交质量、交安全、交定额、交节约措施、交材料使用、交施工计划、交奖罚要求等，做到

任务明确、报酬预知、责任到人。

施工班组接到任务书后，应做好分工，安排完成，执行中要保质量、保进度、保安全、保节约、保工高效。任务完成后，班组自检，在确认已经完成后，向工长报请验收。工长验收时查数量、查质量、查安全、查用工、查节约，然后回收任务书，交作业队登记结算。

（2）做好施工记录、掌握现场施工实际情况

在施工中，如实记载每项工作的开始日期、工作进程和完成日期，记录每日完成数量、施工现场发生的情况、干扰因素的排除情况，可为计划实施的检查、分析、调整、总结提供原始资料。

（3）落实跟踪控制进度计划

检查作业计划执行中的问题，找出原因，并采取措施解决；督促供应单位按进度要求供应资料；控制施工现场临时设施的使用；按计划进行作业条件准备；传达决策人员的决策意图。

2. 施工进度计划的检查

（1）检查方法

施工进度的检查与进度计划的执行是融合在一起的。计划检查是对计划执行情况的总结，是施工进度调整和分析的依据。

进度计划的检查方法主要是对比法，即实际进度与计划进度对比，发现偏差，进行调整或修改计划。

1）用横道计划检查。双线表示计划进度，在计划图上记录的单线表示实际进度。

2）利用网络计划检查：

①记录实际作业时间。例如，某项工作计划为 8 天，实际进度为 7 天。

②记录工作的开始时间和结束时间。

③标注已完成工作。可以在网络图上用特殊的符号、颜色记录其完成部分，如阴影部分为已完成部分。

（2）检查内容

根据不同需要可进行日检查或定期检查。检查的内容如下：

1）检查期内实际完成和累计完成工程量。

2）实际参加施工的人力、机械数量与计划数。

3）窝工人数、窝工机械台班数及其原因分析。

4）进度偏差情况。

5）进度管理情况。

6）影响进度的原因及分析

（3）检查报告

通过进度计划检查，项目经理部应向企业提供月度工进度计划执行情况检查报告，其内容如下：

1）进度执行情况综合描述。

2）实际施工进程图。

3）工程变更对进度的影响。

4）进度偏差的状况与导致偏差的原因分析。

5）解决问题的措施。

6）计划调整意见。

（六）建筑工程进度纠偏与调整

1. 工程进度纠偏措施

（1）做好前期准备工作，仔细研究图纸，把图纸问题解决在施工进行前，避免因设计问题导致并影响工程进度。

（2）组织足够的材料及机械，劳动队伍来源，比正常施工投入多考虑一定的富余量，满足工程出现特殊情况的需要。

（3）编制总进度计划、月进度计划及周进度计划。环环相扣，以周进度保月进度，以月进度保总进度。

（4）定期召开月度例会及周例会，动态掌握工程进展状况，实时与计划进行对比，及时采取措施进行纠偏。

（5）当出现进度偏差时，要及时进行分析研究，查明偏差出现的原因，并制订切实可行的纠偏计划。

（6）当出现偏差时，首先考虑改进施工方案，采用更合理更先进的施工技术方法进行纠偏。

（7）加大工程投入，调集备用的机械、材料供应商及劳动力队伍，以加大投入的方式加快进度。

（8）合理安排交叉轮班施工，采取夜间加班等延长工作时间的方式进行纠偏。

（9）当周产生的偏差力争下周赶上，当月产生的偏差力争下月赶上，不能因忽视或其他原因造成偏差积累。

2. 施工项目进度计划的调整

（1）分析进度偏差的影响

通过前述的进度比较方法，当判断出现进度偏差时，应当分析该偏差对后续工作和对总工期的影响。

1）分析进度偏差的工作是否为关键工作

若出现偏差的工作为关键工作，则无论偏差大小，都对后续工作及总工期产生影响，必须采取相应的调整措施，若出现偏差的工作不为关键工作，需要根据偏差值与总时差和自由时差的大小关系，确定对后续工作和总工期的影响程度。

2）分析进度偏差是否大于总时差

若工作的进度偏差大于该工作的总时差，说明此偏差必将影响后续工作和总工期，必须采取相应的调整措施，若工作的进度偏差小于或等于该工作的总时差，说明此偏差对总工期无影响，但它对后续工作的影响程度需要根据比较偏差与自由时差的情况来确定。

3）分析进度偏差是否大于自由时差

若工作的进度偏差大于该工作的自由时差，说明此偏差对后续工作产生影响，应该如何调整应根据后续工作允许影响的程度而定；若工作的进度偏差小于或等于该工作的自由时差，则说明此偏差对后续工作无影响，因此，原进度计划可以不做调整。

经过如此分析，进度控制人员可以确认应该调整产生进度偏差的工作和调整偏差值的大小，以便采取调整措施，获得新的符合实际进度情况和计划目标的新进度计划。

（2）施工项目进度计划的调整方法

在对实施的进度计划进行分析的基础上，应确定调整原计划的方法，一般主要有以下两种：

1）改变某些工作间的逻辑关系

若检查的实际施工进度产生的偏差影响了总工期，在工作之间的逻辑关系允许改变的条件下，改变关键线路和超过计划工期的非关键线路上的有关工作之间的逻辑关系，达到缩短工期的目的。

2）缩短某些工作的持续时间

这种方法是不改变工作之间的逻辑关系，而是缩短某些工作的持续时间，而使施工进度加快，并保证实现计划工期的方法。这些被压缩持续时间的工作是位于由于实际施工进度的拖延而引起总工期增长的关键线路和某些非关键线路上的工作。同时，这些工作又是可压缩持续时间的工作。

当现场的施工进度计划表经过监理和业主认可后，施工单位就要不折不扣地执行。

①但在实际施工过程中一般不可能完全按照原进度计划走的，这就产生了进度偏差的问题。甲方规定的大的进度节点是不能变的，只有调整中间的过程进度。

②我们通常由周计划保月计划，再由月计划保季度计划，从而从根本上保证整个进度计划的完成。

③现在发现进度计划慢了，就应该要求施工单位提出措施方案，把滞后的进度赶上来。它可以通过增加劳动力（有工作面的情况下）、增加施工机械的数量、延长施工时间 24 小时作业、施工单位缺少资金的情况下甲方预借资金给施工单位渡过难关等方案。总之要求施工单位在下一个计划期内把进度抢出来，并且要求施工单位承诺此事，如不能及时完成计划可以适当给予罚款处理。

施工进度计划的调整依据进度计划检查结果。调整的内容包括施工内容、工程量、起止时间、持续时间、工作关系、资源供应等。调整施工进度计划采用的原理、方法与施工进度计划的优化相同，包括单纯调整工期、资源有限－工期最短调整、工期固定－资源均衡调整、工期－成本调整。

单纯调整（压缩）工期时只能利用关键线路上的工作，并且要注意三点：一是该工作要有充足的资源供应；二是该工作增加的费用应相对较少；三是不影响工程的质量、安全和环境。在进行工期－成本调整时，要选择好调整对象。调整的原则如下：调整的对象必须是关键工作，该工作有压缩的潜力，并且与其他可压缩对象相比，赶工费是最低的。

调整施工进度计划的步骤如下：分析进度计划检查结果，确定调整的对象和目标；选择适当的调整方法；编制调整方案；对调整方案进行评价和决策；调整；确定调整后付诸实施的新施工进度计划。

第二节　建设工程项目综合管理

一、文件管理的主要工作内容

1. 项目经理部文件管理工作的责任部门为办公室。

2. 文件包括：本项目管理文件和资料；相关各级、各部门发放的文件；项目经理部内部制定的各项规章制度；发至各作业队的管理文件、工程会议纪要等。

3. 填制文件收发登记、借阅登记等台账，对文件的签收、发放、交办等程序进行控制，及时做好文件与资料的归档管理。

4. 对收到的外来文件按规定进行签收登记后，及时送领导批示并负责送交有关人员、部门办理。

5. 文件如需转发、复印和上报各类资料、文件，必须经领导同意，同时做好文件复印、发放记录并存档，由责任部门确定发放范围。

6. 文件需外借时，应经项目经理书面批准后填写文件借阅登记，方可借阅，并在规定期限内归还。

7. 对涉及经济、技术等方面的机密文件、资料要严格按照建设公司有关保密规定执行。

二、印鉴管理的主要工作内容

1. 项目经理部行政章管理工作责任部门为办公室，财务章管理责任部门为计财部。

2. 项目经理部印章的刻制、使用及收管必须严格按照建设公司的规定执行，由项目经理负责领取和交回。

3. 必须指定原则性强、认真负责的同志管理。

4. 严格用印审批程序，用印时必须先填制《项目经理部用印审批单》，报项目经理批准后方可用印。

5. 作业队对外进行联系如使用项目经理部的介绍信、证明等，必须持有作业队介绍信并留底，注明事宜，经项目经理批准后，方可使用项目经理部印章。

6. 必须对用印进行登记，建立用印登记台账，台账应包括用印事由、时间、批准人、经办人等内容。

7. 项目经理部解体时，项目经理应同时将项目经理部印章交建设公司办公室封存。

三、档案资料管理的主要工作内容

1. 项目经理部档案资料管理工作的责任部门为办公室。

2. 工程档案资料收集管理的内容：

（1）工程竣工图。

（2）随机技术资料：设备的出厂合格证、装箱单、开箱记录、说明书、设备图纸等。

（3）监理及业主（总包方）资料：监理实施细则；监理所发文件、指令、信函、通知、会议纪要；工程计量单和工程款支付证书；监理月报；索赔文件资料；竣工结算审核意见书；项目施工阶段各类专题报告；业主（总包方）发出的相关文件资料。

（4）工程建设过程中形成的全部技术文字资料

1）一类文字资料：图纸会审纪要；业务联系单及除代替图、新增图以外的附图；变更通知单及除代替图、新增图以外的附图；材料代用单；设备处理委托单；其他形式的变更资料。

2）二类文字材料：交工验收资料清单；交工验收证书、实物交接清单、随机技术资料清单；施工委托书及其补充材料；工程合同（协议书）；技术交底，经审定的施工组织设计或施工方案；开工报告、竣工报告、工程质量评定证书；工程地质资料；水文及气象资料；土、岩试验及基础处理、回填压实、验收、打桩、场地平整等记录；施工、安装记录及施工大事记、质量检查评定资料和质量事故处理方案、报告；各种建筑材料及构件等合格证、配合比、质量鉴定及试验报告；各种功能测试、校核试验的试验记录；工程的预、决算资料。

3）三类文字材料：地形及施工控制测量记录；构筑物测量记录；各种工程的测量记录。

3. 项目经理部移交到建设公司档案科的竣工资料内容：中标通知、工程承包合同、开工报告、施工组织设计、施工技术总结、交工竣工验收资料、质量评定等级证书、项目安全评价资料、项目预决算资料、审计报告、工程回访、用户意见。

4. 项目经理部向建设公司档案科移交竣工资料的时间为工程项目结束后、项目绩效考核前。

5. 项目经理部按照建设公司档案科的要求内容装订成册后交一套完整的资料。

6. 项目经理部的会计凭证、账簿、报表专项交建设公司档案科保存。

7. 项目经理部应随时做好资料的收集和归档工作，专人负责，建立登记台账，如需转发、借阅、复印时，应经项目经理同意后方可办理，并做好记录。

四、人事管理的主要工作内容

1. 项目经理部人事管理工作责任部门为办公室。

2. 项目经理部原则上职能部门设立“三部一室”，即计财部、工程部、物资部、办公室。组织机构设立与各部门人员的情况应上报项目管理处备案。

3. 项目经理部成立后，项目经理根据项目施工管理需要严格按照以下要求定编人员，提出项目经理部管理人员配备意见，填写《项目经理部机构设置和项目管理人员配备申请表》，根据配备表中的人员名单填写《项目经理部调入工作人员资格审定表》，并上报建设公司人力资源部，经审批后按照建设公司有关规定办理相关手续。按工程项目类别确定项目经理部人员编制，根据工程实际需要实行人员动态管理：

A 类项目经理部定员 25 人以下（含 25 人，下同）；

B 类项目经理部定员 15 人以下；

C 类项目经理部定员 12 人以下；

D 类项目经理部定员 10 人以下；

E 类项目经理部定员 10 人以下；

F 类项目经理部定员 10 人以下。

4. 项目经理部的各类管理人员均实行岗位聘用制，除项目副经理、总工程师、财务负责人由公司聘任之外，其他人员均由项目经理聘用，聘期原则上以工程项目的工期为限，项目结束后解聘。

5. 由项目经理聘用的管理人员，根据工作需要，项目经理有权解聘或退回不能胜任本岗位工作的管理人员。如出现部门负责人或重要岗位上人员变动，应及时将情况向项目管理处上报。

6. 工程中期与工程结束时（或 1 年），由项目经理牵头、项目经理部办公室组织各作业队及相关人员对项目经理部工作人员的德、能、勤、绩进行考评，根据考评结果填写《项目经理部工作人员能力鉴定表》，并上报建设公司人力资源部和项目管理处备案。

7. 项目经理部管理岗位外聘人员管理

（1）项目经理部根据需要和被聘人条件，填写《项目经理部管理岗位外聘人员聘用审批表》，上报建设公司人力资源部审核批准后，由项目经理部为其办理聘用手续，并签订《项目经理部管理岗位外聘人员聘用协议》。

（2）外聘人员聘用协议书应包括下列内容：聘用的岗位、责任及工作内容；聘用的期限；聘用期间的待遇；双方认为需要规定的其他事项。

五、办公用品管理

1. 项目经理部办公用品管理工作的责任部门为办公室。

2. 项目经理部购进纳入固定资产管理的办公用品（如计算机、复印机、摄像机、照相机、手机等）时，必须先向建设公司书面请示，经领导签字同意后方可购买。

3. 建立物品使用台账，对办公用品进行专人使用、专人管理，确保办公用品的使用年限，编制《项目经理部办公用品清单表》，对办公用品进行使用登记，对损坏、丢失办公用品的需按比例或全价赔偿。

4. 项目经理部购置办公桌椅等设施时，应严格控制采购价格和标准，禁止购买超标准或非办公用品、器械。

5. 项目经理部解体时应将所购办公用品进行清理、鉴定，填写《项目经理部资产实物交接清单表》，向建设公司有关部门办理交接。

六、施工现场水电管理的主要工作内容

1. 项目经理部应有专人负责施工用水、用电的线路布置、管理、维护。

2. 各作业队用水、用电需搭接分管和二次线时，必须向项目经理部提出申请，经批准后方可接线，装表计量、损耗分摊、按月结算。

3. 作业队的用电线路、配电设施要符合规范和质量要求。管线的架设和走向要服从现场施工总体规划的要求，防止随意性。

4. 作业队和个人不得私接电炉，注意用电安全。

5. 加强现场施工用水的管理，严禁长流水、长明灯，减少浪费。

七、职工社会保险管理的主要工作内容

1. 项目经理部必须根据建设公司社会保障部的要求按时足额上缴由企业缴纳部分的职工社会保险费用，不得滞后或拖欠。

2. 社会保险费用是指建设公司现行缴纳的养老保险金、失业保险金、医疗保险金、工伤保险金。

3. 社会保险费用缴纳的具体办法按建设公司相关文件执行。

八、施工项目管理组织形式

组织结构的类型，是指一个组织以什么样的结构方式去处理管理层次、管理跨度、部门设置和上下级关系。项目组织机构形式是管理层次、管理跨度、管理部门和管理职责的

不同结合。项目组织的形式应根据工程项目的特点、工程项目承包模式、业主委托的任务及单位自身情况而定。常用的组织形式一般有以下四种：工作队制、部门控制式、矩阵制、事业部制。

（一）工作队制

（1）工作队制的特征

1）项目组织成员与原部门脱离。

2）职能人员由项目经理指挥，独立性大。

3）原部门不能随意干预其工作或调回人员。

4）项目管理组织与项目同寿命。

适用范围：大型项目、工期要求紧迫的项目，要求多工种、多部门密切配合的项目。要求项目经理素质高，指挥能力强。

（2）工作队制的优点

1）有利于培养一专多能的人才并充分发挥其作用。

2）各专业人员集中在现场办公，办事效率高，解决问题快。

3）项目经理权力集中，决策及时，指挥灵便。

4）项目与企业的结合部关系弱化，易于协调关系。

（3）工作队制的缺点

1）配合不熟悉，难免配合不力。

2）忙闲不均，可能影响积极性的发挥，同时人才浪费现象严重。

（二）部门控制式

部门控制式项目管理组织形式是按照职能原则建立的项目组织。

特征：不打乱企业现行的建制，由被委托的部门（施工队）领导。

适用范围：适用于小型的、专业性较强的不需涉及众多部门的施工项目。

1. 部门控制式项目管理组织形式的优点

（1）人才作用发挥较充分，人事关系容易协调。

（2）从接受任务到组织运转启动时间短。

（3）职责明确，职能专一，关系简单。

（4）项目经理无须专门培训便可以进入状态。

2. 部门控制式项目管理组织形式的缺点

（1）不能适应大型项目管理需要。

（2）不利于精简机构。

（三）矩阵制

矩阵制组织是在传统的直线职能制的基础上加上横向领导系统，两者构成矩阵结构，项目经理对施工全过程负责，矩阵中每个职能人员都受双重领导，即“矩阵组织，动态管理，目标控制，节点考核”，但部门的控制力大于项目的控制力。部门负责人有权根据不同项目的需要和忙闲程度，在项目之间调配部门人员。一个专业人员可能同时为几个项目服务，特殊人才可充分发挥作用，大大提高人才效率。矩阵制是我国推行项目管理最理想、最典型的组织形式，适用于大型复杂的项目或多个同时进行的项目。

1. 矩阵制项目管理组织形式的特征

（1）专业职能部门是永久性的，项目组织是临时性的。

（2）双重领导，一个专业人员可能同时为几个项目服务，提高人才效率，精简人员，组织弹性大。

（3）项目经理有权控制、使用职能人员。

（4）没有人员包袱。

2. 矩阵制项目管理组织形式的优缺点

（1）优点：一个专业人员可能同时为几个项目服务，特殊人才可充分发挥作用，大大提高人才效率。

（2）缺点：配合生疏，结合松散，难以优化工作顺序。

3. 矩阵制项目管理组织形式的适用范围

一个企业同时承担多个需要进行项目管理工程的企业，适用于大型、复杂的施工项目。

（四）事业部制

事业部制是直线职能制高度发展的产物，最早为“一战”后的一家美国汽车工厂和“二战”后的日本松下电器公司所采用，目前，已在欧、美、日等国广泛采用。事业部制可分为按产品划分的事业部制和按地区划分的事业部制。

1. 事业部制项目管理组织形式的特征

（1）各事业部都有自己特有的产品或市场。根据企业的经营方针和基本决策进行管理，对企业承担经济责任，而对其他部门是独立的。

（2）各事业部有一切必要的权限，是独立的分权组织，实行独立核算。主要思想是集中决策，分散经营，所以事业部制又称为“分权的联邦制”。

2. 事业部制项目管理组织形式的优缺点

（1）优点：当企业向大型化、智能化发展并实行作业层和经营管理层分离时，事业部制组织可以提高项目应变能力，积极调动各方积极性。

（2）缺点：事业部组织相对来说比较分散，协调难度较大，应通过制度加以约束。

3. 事业部制项目管理组织形式的适用范围

企业承揽工程类型多或工程任务所在地区分散或经营范围多样化时，有利于提高管理效率。需要注意的是，一个地区只有一个项目，没有后续工程时，不宜设立事业部。事业部与地区市场同寿命，地区没有项目时，该事业部应当撤销。

第三节　建设工程项目物资管理

一、建设工程项目物资管理的基本要求

物资供应管理即计划、采购、储存、供应、消耗定额管理、现场材料管理、余料处理和材料核销工作，项目经理部要建立健全材料供应管理体系。项目经理部物资部应做到采购有计划，努力降低采购成本，领用消耗有定额，保证物流、信息流畅通。项目经理部应组织有关人员依据合同、施工图纸、详图等编制材料用量预算计划。工程中需用的主材（如钢材、水泥、电缆等）及其他需求量大的材料采购均应实行招标或邀请招标（议标）采购。由项目经理任组长，材料、造价、财务、技术负责人组成材料采购竞价招标领导小组，物资部负责实施。主材、辅材的采购业务由物资部负责实施。采购过程中必须坚持比质、比价、比服务，公开、公平、公正原则。参与招标或邀标的供应商必须三家以上。业主（总包方）采购的工程设备进场组织协调由物资部负责。物资部应对业务工作各环节的基础资料进行统计分析、改进管理，严格按照《中华人民共和国招投标法》《中华人民共和国经济合同法》《国有工业企业物资采购管理暂行规定》执行。

物资验收及保管的内容如下：

1. 材料的验收。

材料进场必须履行交接验收手续，材料员根据到货资料进行材料的验收。验收的内容与订购合同（协议）相一致，包括验品种、验规格、验质量、验数量的“四验”制度及提供合格证明文件等。

资料验证应与到货产品同步进行，验证资料应包括生产厂家的材质证明（包括厂名、品种、出厂日期、出厂编号、试验数据）和出厂合格证，无验证资料不得进行验收。要求复检的材料要有取样送检证明报告。新材料未经试验鉴定，不得用于工程中。

直达现场的材料由项目经理部材料员牵头作业队材料员或保管员进行验收，并填好《物资验收入库单》。在材料验收中发现短缺、残次、损坏、变质及无合格证的材料，不得接收，同时要及时通知厂家或供应商妥善处理。散装地材的计量应以过磅为准，如没有过磅条件，由材料员组织保管员共同确定车型，测量容积，确定实物量。

2. 材料的保管。

材料验收入库后，应及时填写入库单（填写内容有名称、来源、规格、材质、计量单位、数量、单价、金额、运输车号等），由材料员、保管员共同签字确认。

3. 建立和登记《材料收发存台账》，并做好标识，注明来源、规格型号、材质、数量，必须做到账与物相一致。

4. 材料采购后交由作业队负责管理。

作业队材料的管理应有利于材料的进出和存放，符合防火、防雨、防盗、防风、防变质的要求。易燃易爆的材料应专门存放，专人负责保管，并有严格的防火、防爆措施。

5. 材料要做到日清、月结、定期盘点，盘点要有记录，盈亏有报告，做到账物相符并按月编制《×月材料供应情况统计表》。项目经理部材料账目调整必须按权限规定经过审批，不得擅自涂改。

6. 物资盘库方法

（1）定期盘点：每年年末或工程竣工后，对库房和现场材料进行全面彻底盘点，做到有账有物，把数量、规格、质量、主要用途搞清楚。

（2）统一安排检查的项目和范围，防止重查和漏查。

（3）统一盘点表格、用具、确定盘点截止日期、报表日期。

（4）安排盘点人员，检查出入库材料手续和日期。

二、材料使用及现场的管理

（一）材料使用管理

为加强作业队材料使用的管理，达到降低消耗的目的，项目部供应的材料都要实行限额领料。

1. 限额领料依据的主要方法

（1）通用的材料定额。

（2）预算部门提供的材料预算。

（3）施工单位提供的施工任务书和工程量。

（4）技术部门提供的技术措施及各种配料表。

2. 限额领料单的签发

（1）材料员根据施工部门编制的施工任务书和施工图纸，按单位工程或分部工程签发《限额领料单》。作业队分次领用时，做好分次领用记录并签字，但总量不得超过限额量。

（2）在材料领发过程中，双方办理领发料（出库）手续，填写《领料单》，注明用料单位，材料名称、规格、数量及领用日期，双方需签字认证。

（3）建立材料使用台账，记录使用和节约（超耗）状况。单项工程完工后如有材料节超，需由作业队、造价员、材料员共同分析原因，写出文字性说明并由项目经理部存档。

（4）如遇工程变更或调整作业队工作量，需调整限额领料单时，应由作业队以书面形式上报项目经理部，由项目经理部预算员填写补充限额领料单，材料员再根据补充限额领料单发料。限额领料单一式三份，要注明工程部位、领用作业队、材料名称、规格、材质、数量、单位、金额等，作业队与材料员各一份，一份留底。单项工程结束后，作业队应办理剩余材料退料手续。

3. 材料现场管理

项目经理部要在施工现场设立现场仓库和材料堆场，可指定作业队负责材料保管和值班保卫工作。要严格材料发料手续。现场材料的供应要按工程用料计划、持有审批的领料单进行，无领料单或白条子不得发料。直发现场的材料物资也必须办理入库手续和领料手续。现场材料码放要整齐、安全并做好标识。材料员对质量记录的填写必须内容真实、完整、准确，便于识别、查询。

4. 材料核销与余料处理

材料消耗核算，必须以实际消耗为准，计财部在计算采购入库量和限额领用量之后，根据实物盘点库存量，进行实际消耗核销。工程结束后，项目经理部必须进行预算材料消耗量与实际材料耗用量对比分析，找出节约（超耗）原因，并对施工作业队材料使用情况进行书面说明。材料消耗量严格按照定额规定核销。项目经理部要加强现场管理，杜绝材料的损失、浪费。工程结束后，各作业队对现场的余料、废旧材料边角料进行处理时应填报《物资处理审批表》，经项目经理认可签字后方可处理。

不得将材料成品直接作价处理。材料员要经常组织有关人员把可二次利用的边角余料清理出来，不准作为废钢铁出售，力求达到物尽其用。材料供应完毕后，项目经理部必须填报《合格供方名单确认表》上报设备物资分公司、项目管理处。

（二）业主（总包方）提供设备的管理

物资部设备员负责业主（总包方）提供设备的协调管理。参与合同评审、施工图会审，掌握设备供货情况，负责与业主（总包方）协商设备供应方面的工作，根据施工进度网络计划，编排或确认分包单位编制的设备进场计划。接受现场发出的设计修改通知单，及时向有关部门转交，并对其中的设备问题解决情况进行跟踪检查，督促落实。参加工程例会及有关专题会议，沟通信息，掌握工程进展情况、设备安装要求、设备进场时间、设备质量问题等，协同运输部门安排重大设备出、入库计划，协助对大型设备出库沿线道路及现场卸车、存放条件的查看落实。组织、监督、指导、协调分包单位对业主（总包方）设备的验证工作，负责与业主（总包方）联系，商定在设备验证过程中发现的缺陷、缺件、不合格等问题的处理方案。监督并定期检查作业队设备到货验证后是否按有关规定进行标识、储存和防护，设备的验证资料、移交清单等技术资料是否按要求整理、归档。划分作业队之间的设备分交、设备费用、出库费、缺陷处理费的收取、结算，工程设备的统计、汇总、归档。

第四节 建设工程项目管理规划的内容和编制方法

一、建设工程项目管理规划的概念

1. 建设工程项目管理规划是指导项目管理工作的纲领性文件，它从宏观上对如下几个方面进行分析和描述：

为什么要进行项目管理（Why）；

项目管理需要做什么工作（What）；

怎样进行项目管理（How）；

谁做项目管理的哪方面的工作（Who）；

什么时候做哪些项目管理工作（When）；

项目的总投资（Cost）；

项目的总进度（Time）。

2. 建设工程项目管理规划涉及项目整个实施阶段，它属于业主方项目管理的范畴。如果采用建设项目总承包的模式，业主方也可以委托建设项目总承包方编制建设工程项目管理规划，因为建设项目总承包的工作涉及项目整个实施阶段。

3. 建设项目的其他参与单位，如设计单位、施工单位和供货单位等，为进行其项目管理也需要编制项目管理规划，但它只涉及项目实施的一个方面，并体现一个方面的利益，可称其为设计方项目管理规划、施工方项目管理规划和供货方项目管理规划。

二、建设工程项目管理规划的内容

1. 建设工程项目管理规划一般包括如下内容：项目概述；项目的目标分析和论证；项目管理的组织；项目采购和合同结构分析；投资控制的方法和手段；进度控制的方法和手段；质量控制的方法和手段；安全、健康与环境管理的策略；信息管理的方法和手段；技术路线和关键技术的分析；设计过程的管理；施工过程的管理；风险管理的策略等。

2. 建设工程项目管理规划内容涉及的范围和深度，在理论上和工程实践中并没有统一的规定，应视项目的特点而定。

三、建设工程项目管理规划的编制方法

1. 建设工程项目管理规划的编制应由项目经理负责，并邀请项目管理班子的主要人员参加。

2. 由于项目实施过程中主客观条件的变化是绝对的，不变则是相对的；在项目进展过程中平衡是暂时的，不平衡则是永恒的。因此，建设工程项目管理规划必须随着情况的变化而进行动态调整。

第五节　建设工程项目目标的动态控制

一、项目目标的动态控制原理

1. 由于项目实施过程中主客观条件的变化是绝对的，不变则是相对的；在项目进展过程中平衡是暂时的，不平衡则是永恒的。因此，在项目实施过程中必须随着情况的变化进行项目目标的动态控制。项目目标的动态控制是项目管理最基本的方法论。

2. 项目目标动态控制的工作程序如下：

第一步，项目目标动态控制的准备工作：将项目的目标进行分解，以确定用于目标控制的计划值。

第二步，在项目实施过程中项目目标的动态控制：收集项目目标的实际值，如实际投资、实际进度等；定期（如每两周或每月）进行项目目标的计划值和实际值的比较；通过项目目标的计划值和实际值的比较，如有偏差，则采取纠偏措施。

第三步，如有必要，则进行项目目标的调整，目标调整后再回到第一步。

3. 由于在项目目标动态控制时要进行大量的数据处理，如果项目的规模比较大，数据处理的量就相当可观，采用计算机辅助的手段有助于项目目标动态控制的数据处理。

4. 项目目标动态控制的纠偏措施主要包括组织措施、管理措施、经济措施、技术措施等。

二、应用动态控制原理控制进度的方法

1. 项目进度目标的分解

从项目开始到项目实施过程中，逐步地由宏观到微观、由粗到细编制深度不同的总进度纲要、总进度规划、总进度计划、各子系统和各子项目进度计划等。

通过总进度和总进度规划的编制，分析和论证项目进度目标实现的可能性，并对项目进度目标进行分解，确定里程碑事件的进度目标。里程碑事件的进度目标可作为进度控制的重要依据。

2. 进度的计划值和实际值的比较

以里程碑事件的进度目标值或再细化的进度目标值作为进度的计划值。进度的实际值指的是相对于里程碑事件或再细化的分项工作的实际进度。进度的计划值和实际值的比较

是定量的数据比较。

3. 进度纠偏的措施

（1）组织措施，如调整项目组织结构、任务分工、管理职能分工、工作流程组织和项目管理班子人员等。

（2）管理措施，如分析由于管理的原因而影响进度的问题，并采取相应的措施；调整进度管理的方法和手段，改变施工管理和强化合同管理等。

（3）经济措施，如及时解决工程款支付和落实加快工程进度所需的资金等。

（4）技术措施，如改进施工方法和改变施工机具等。

三、应用动态控制原理控制投资的方法

1. 项目投资目标的分解

通过编制投资规划、工程概算和预算，分析和论证项目投资目标实现的可能性，并对项目投资目标进行分解。

2. 投资的计划值和实际值的比较

投资控制包括设计过程的投资控制和施工过程的投资控制，其中前者更为重要。在设计过程中投资的计划值和实际值的比较，即工程概算与投资规划的比较，以及工程预算与概算的比较。

在施工过程中投资的计划值和实际值的比较包括：

（1）工程合同价与工程概算的比较。

（2）工程合同价与工程预算的比较。

（3）工程款支付与工程概算的比较。

（4）工程款支付与工程预算的比较。

（5）工程款支付与工程合同价的比较。

（6）工程决算与工程概算、工程预算和工程合同价的比较。

由上可知，投资的计划值和实际值是相对的，如相对于工程预算而言，工程概算是投资的计划值；相对于工程合同价，则工程概算和工程预算都可作为投资的计划值等。

3. 投资控制的纠偏措施

（1）组织措施，如调整项目组织结构、任务分工、管理职能分工、工作流程组织和项目管理班子人员等。

（2）管理措施，如采取限额设计的方法，调整投资控制的方法和手段，采用价值工程的方法等。

（3）经济措施，如制订节约投资的奖励措施等。

（4）技术措施，如调整或修改设计，优化施工方法等。

第六节　施工组织设计的内容和编制方法

一、施工组织设计的性质与任务

1. 施工组织设计的性质

施工组织设计是规划和指导拟建工程从施工准备到竣工验收全过程的一个综合性的技术经济文件，它应根据建筑工程的设计和功能要求，既要符合建筑施工的客观规律，又要统筹规划，科学地组织施工，采用先进成熟的施工技术和工艺，以最短的工期，最少的劳力、物力，取得最佳的经济效果。

2. 施工组织设计的任务

（1）根据建设单位对建筑工程的工期要求、工程特点，选择经济合理的施工方案，确定合理的施工顺序。

（2）确定科学合理的施工进度，保证施工能连续、均衡地进行。

（3）制订合理的劳动力、材料、机械设备等的需要量计划。

（4）制定技术上先进、经济上合理的技术组织保证措施。

（5）制定文明施工安全生产的保证措施。

（6）制定环境保护、防止污染及噪声的保证措施。

二、施工组织设计的作用

1. 施工组织设计作为投标文件的内容和合同文件的一部分可用于指导工程投标与签订工程承包合同。

2. 施工组织设计是工程设计与施工之间的纽带，既要体现建筑工程的设计和使用要求，又要符合建筑施工的客观规律，衡量设计方案施工的可能性和经济合理性。

3. 科学地组织建筑施工活动，保证各分部分项工程的施工准备工作及时进行，建立合理的施工程序，有计划、有目的地开展各项施工过程。

4. 抓住影响工期进度的关键性施工过程，及时调整施工中的薄弱环节，实现工期、质量、成本、文明、安全等各项生产要素管理的目标及技术组织保证措施，提高建筑企业综合效益。

5. 协调各施工单位、各工种、各种资源、资金、时间等在施工流程、施工现场布置和施工工艺等方面的合理关系。

三、施工组织设计的分类

1. 根据编制对象划分

施工组织设计根据编制对象的不同可分为三类，即施工组织总设计、单位工程施工组织设计和分部分项工程施工组织设计。

（1）施工组织总设计

施工组织总设计是以一个建设项目或建筑群为编制对象，用以指导其建设全过程各项施工活动的技术、经济、组织、协调和控制的综合性文件。它是指导整个建设项目施工的战略性文件，内容全面概括，涉及范围广泛。一般是在初步设计或技术设计批准后，由总承包单位会同建设、设计和各分包单位共同编制的，是施工单位编制年度施工计划和单位工程施工组织设计、进行施工准备的依据。

（2）单位工程施工设计组织

单位工程施工组织设计是以一个单位工程为编制对象，用来指导其施工全过程各项活动的技术经济、组织、协调和控制的局部性、指导性文件。它是施工单位施工组织总设计和年度施工计划的具体化，是单位工程编制季度、月计划和分部分项工程施工设计的依据。

单位工程施工组织设计依据建筑工程规模、施工条件、技术复杂程度的不同，在编制内容的广度和深度上一般可划分为两种类型：单位工程施工组织设计和简单的单位工程施工组织设计（或施工方案）。

单位工程工组织设计：其编制内容全面，一般用于重点的、规模大、技术复杂或采用新技术的建设项目。

简单的单位程施工组织设计（或施工方案）：其编制内容较简单，通常只包括“一案一图一表”，即编制施工方案、施工现场平面布置图、施工进度表。

（3）分布分项工程施工组织设计

以技术复杂、施工难度大且规模较大的分部分项工程为编制对象，用来指导其施工过程各项活动的技术经济、组织、协调的具体化文件。一般由项目专业技术负责人编制，内容上包括施工方案、各施工工序的进度计划及质量保证措施。它是直接指导专业工程现场施工和编制月、旬作业计划的依据。

对于一些大型工业厂房或公共建筑物，在编制单位工程施工组织设计之后，常需编制某主要分部分项工程施工组织设计，如土建中复杂的地基基础工程、钢结构或预制构件的吊装工程、高级装修工程等。

2. 根据阶段的不同划分

施工组织设计根据阶段的不同，可分为两类：一类是投标前编制的施工组织设计（简称标前设计）；另一类是签订工程承包合同后编制的施工组织设计（简称标后设计）。

（1）标前设计：在建筑工程投标前由经营管理层编制的用于指导工程投标与签订施

工合同的规划性的控制性技术经济文件，以确保建筑工程中标、追求企业经济效益为目标。

（2）标后设计：在建筑工程签订施工合同后由项目技术负责人编制的用于指导工作全过程各项活动的技术经济、组织、协调和控制的指导性文件，以实现质量、工期、成本三大目标，追求企业经济效益最大化为目标。

四、施工组织设计的内容

1. 工程概况

工程概况主要包括建筑工程的工程性质、规模、地点、工程特点、工期、施工条件、自然环境、地质水文等情况。

2. 施工方案

施工方案主要包括各分部分项工程的施工顺序、主要的施工方法、新工艺新方法的运用、质量保证措施等内容。

3. 施工进度计划

施工进度计划主要包括各分部分项工程根据工期目标制订的横道图计划或网络图计划。在有限的资源和施工条件下，如何通过计划调整来实现工期最小化、利润最大化的目标是制订各项资源需要量计划的依据。

4. 施工平面图

施工平面图主要包括机械、材料、加工厂、道路、临时设施、水源电源在施工现场的布置情况。其是施工组织设计在空间上的安排，可以确保科学合理地安全文明施工。

5. 施工准备工作及各项资源需要量计划

施工准备工作及各项资源需要量计划主要包括施工准备计划、劳动力、机械设备、主要材料、主要构件和半成品构件的需要量计划。

6. 主要技术经济指标

主要技术经济指标主要包括工期指标、质量指标、安全文明指标、降低成本指标、实物量消耗指标等，用以评价施工的组织管理及技术经济水平。

五、施工组织设计的编制方法与要求

（一）施工组织设计的编制方法

1. 熟悉施工图纸，进行现场踏勘，搜集有关资料。

2. 根据施工图纸计算工程量，进行工料分析。

3. 选择施工方案和施工方法、确定质量保证措施。

4. 编制施工进度计划。

5. 编制资源需要量计划。

6. 确定临时设施和临时管线，绘制施工现场平面图。

7. 技术经济指标的对比分析。

（二）施工组织设计的编制要求

1. 根据工期目标要求，统筹安排，抓住重点。重点工程项目和一般工程项目统筹兼顾，优先安排重点工程的人力、物力和财力，保证工程按时或提前交工。

2. 合理安排施工流程。施工流程的安排既要考虑空间顺序，又要考虑工种顺序。空间顺序解决施工流向问题，工种顺序解决时间上的搭接问题。在遵循施工客观规律的要求下，必须合理地安排施工顺序，避免不必要的重复工作，加快施工速度，缩短工期。

3. 科学合理地安排施工方案，尽量采用国内外先进施工技术。编制施工方案时，结合工程特点和施工水平，使施工技术的先进性、实用性和经济性相结合，提高劳动生产率，保证施工质量，提高施工速度，降低工程成本。

4. 科学安排施工进度，尽量采用流水施工和网络计划或横道图计划。编制施工进度计划时，结合工程特点和施工技术水平，采用流水施工组织施工，采用网络计划或横道图计划安排进度计划，保证施工连续均衡地进行。

5. 合理布置施工现场平面图，节约施工用地。尽量利用原有建筑物作为临时设施，减少占用施工用地。合理安排运输道路和场地，减少二次搬运，提高施工现场的利用率。

6. 坚持质量和安全同时抓的原则。贯彻质量第一的方针，严格执行施工验收规范和质量检验评定标准；同时建立健全安全文明生产的管理制度，保证安全施工。

六、施工组织设计的贯彻、检查与调整

施工组织设计贯彻的实质，就是以动态的眼光实施施工组织设计，即在各种因素不断变化的施工过程中，不断检查、调整、完善施工组织设计，保证质量、进度、成本三大目标的实现。施工组织设计检查与调整的内容：

1. 各施工过程的施工顺序和流水施工的组织方法是否正确。

2. 进度计划的计划工期是否满足合同工期的要求。

3. 劳动力的组织是否连续、均衡。

4. 主要材料、设备、机械的供应是否连续、均衡，是否满足施工的需要。

施工组织设计的调整可以通过压缩某些施工过程的持续时间或改变施工方法来实现。

第六章　施工项目质量管理及控制

第一节　施工项目质量管理及控制概述

一、施工项目质量及其管理和控制

（一）施工项目质量

施工项目质量是指反映施工项目满足相关规定和合同规定的要求，包括其在安全、使用功能、耐久性能、环境保护等方面所有明显和隐含能力的特性总和。也就是通过工程施工所形成的工程项目，应满足用户从事生产、生活所需要的功能和使用要求，应符合国家有关法规、技术标准和合同规定。

影响施工项目质量的因素有以下几方面：

1. 人的因素。人是质量活动的主体，人员的质量意识及技能对项目施工的质量有较大的影响。

2. 建筑材料、构件、配件的质量因素。施工项目的质量在很大程度上取决于建筑材料、构件、配件的质量，因此，要从采购、人员、储存等环节来保证建筑材料、构件、配件的质量，以保证工程项目的施工质量。

3. 施工方案的影响。施工方案中包括技术、工艺、方法等施工手段的配置，如果施工技术落后、方法不当、机具有缺陷等都将影响项目的施工质量。施工方案中还包括施工程序、工艺顺序、施工流向、劳动组织等，通常的施工程序先准备后施工、先场外后场内、先地下后地上、先深后浅、先主体后装修、先土建后安装等，都应在施工方案中明确并编制相应的施工组织设计。这些都是对工程项目施工质量的重要影响因素。

4. 施工机械及模具。施工机械及模具选择不当、维修和使用不合理都会影响工程项目的施工质量。

5. 施工环境的影响。施工环境包括地质、水文、气候等自然环境和施工现场的照明、通风、安全卫生防疫等作业环境以及管理环境。这些环境的管理也会对施工项目质量产生相当大的影响。

（二）施工项目质量管理

施工项目质量管理是在施工项目质量方面指挥和控制施工项目组织协调的活动。这里包括施工项目的质量目标制定、施工过程和施工必要资源的规定、施工项目施工各阶段的质量控制、施工项目质量的持续改进等。

二、施工项目质量控制

施工项目质量控制就是为了确保工程合同所规定的质量标准，所采用的一系列监控措施、手段和方法。工程项目的施工阶段是工程项目质量形成的最重要的阶段，而该阶段又是由众多的技术活动按照科学的技术规律相互衔接而形成的。为了保证工程质量，这些技术活动必须在受控状态下进行。其目的在于监督整个工程的施工过程，排除各施工阶段、各环节由于异常性原因产生的质量问题。

1. 施工项目质量控制的基本要求

（1）施工单位应按《质量管理体系要求》（GB/T 19001—2008）标准建立自己的质量管理体系。实践证明在建筑行业的企业采用了此标准已取得了良好的效果。施工单位要控制施工项目的质量并按此标准建立自己的质量管理体系是必要的。

（2）坚持“质量第一、预防为主”的方针：通过项目施工过程中的信息反馈预见可能发生的重大工程质量问题，及时采取切实可行的措施加以防止，做到预防为主。

（3）明确控制重点：控制重点是通过分析后才能明确的。在工序控制中，一般是以关键工序和特殊工序为重点。控制点的设置主要是针对上述重点而言。

（4）重视控制效益：工程质量控制同其他产品质量控制一样，要付出一定的代价，投入和产出的比值是必须考虑的问题。对建筑工程来说，是通过控制其质量成本来实现的。

（5）系统地进行质量控制：系统地进行质量控制，它要求有计划地实施质量体系内各有关职能的协调和控制。

（6）制定控制程序：

质量控制的基本程序是：按照质量方针和目标，制定工程质量控制措施并建立相应的控制标准；分阶段地进行监督检查，及时获得信息与标准相比较，做出工程合格性的判定；对于出现的工程质量问题，及时采取纠偏措施，保证项目预期目标的实现。

（7）坚持P（计划）D（执行）C（检查）A（处理）循环的工作方法：为了做到施工项目质量的持续改进，要用PDCA的工作方法，PDCA是不断地循环的，每循环一次，就能解决一定的问题，实现一定的质量目标，使质量水平有所提高。

2. 施工项目质量影响因素的控制

为了保证施工项目质量，要对其影响因素进行控制。影响施工项目质量的因素，通常称为“4M1E”，即人（Man）、材料（Material）、机械（Machine）、方法（Method）、环境（Environment）。

（1）人的控制：控制的对象包括施工项目的管理者和操作者。人的控制内容包括组织机构的整体素质和每一个个体的技术水平、知识、能力、生理条件、心理行为、质量意识、组织纪律、职业道德等。其目的就是要做到合理用人，充分调动人的积极性、主动性和创造性。

人的控制的主要措施和途径如下：

1）以项目经理的管理目标和管理职责为中心，合理组建项目管理机构，配备称职的管理人员。

2）严格实行分包单位的资质审查，确保分包单位的整体素质，包括领导班子素质、职工队伍素质、技术素质和管理素质。

3）施工作业人员要做到持证上岗，特别是重要技术工种、特殊工种和危险作业等。

4）强化施工项目全体人员的质量意识，加强操作人员的职业教育和技术培训。

5）严格施工项目的各项施工管理制度，规范操作人员的作业技术活动和管理人员的管理活动行为。

6）完善奖励和处罚机制，发挥项目全体人员的最大工作潜能。

（2）材料的控制：材料控制包括对施工所需要的原材料、成品、半成品、构配件等的质量控制。加强材料的质量控制是提高施工项目质量的重要保证。材料质量控制包括以下几个环节：

1）材料的采购。施工所需要采购的材料应根据工程特点、施工合同、材料性能、施工具体要求等因素综合考虑。保证适时、适地、按质、按量、全套齐备地供应施工生产所需要的各种材料。为此，要选择符合采购要求的供方、建立有关采购的制度、对采购人员进行技术培训等。

2）材料的试验和检验。材料的试验和检验就是通过一系列的检测手段，将所取得的检测数据与材料标准及工艺规范相比较，借以判断其质量的可靠性及能否使用于施工过程之中。材料的检验方法有书面检验、外观检验、理化检验和无损检验。

3）材料的存储和使用。加强材料进场后的存储和使用管理，避免材料变质和使用规格、性能不符合要求而造成质量事故，如水泥的受潮结块、钢筋的锈蚀等。

（3）机械设备的控制：机械设备的控制包括施工机械设备质量控制和工程项目设备的质量控制。

1）施工机械设备质量控制就是使施工机械设备的类型、性能参数等与施工现场的实际生产条件、施工工艺、技术要求等因素相匹配，符合施工生产的实际要求。要做好施工机械设备的质量控制，一是要按照技术上先进、生产上适用、经济上合理等原则选配施工生产机械设备，合理地组织施工；二是要正确使用、管理、保养和检修好施工机械设备，严格实行定人、定机、定岗位责任的使用管理制度，在使用中遵守机械设备的技术规定，做好机械设备的例行保养工作，包括清洁、润滑、调整、紧固和防腐工作，使机械设备经常保持良好的技术状态，以确保施工生产质量。

2）工程项目设备的质量控制主要包括设备的检查验收、设备的安装质量、设备的调试和试车运转。

要求按设备选型购置设备，优选设备供应厂家和专业供方，设备进场后，要对设备的名称、型号、规格、数量的清单逐一检查验收，确保工程项目设备的质量符合设计要求；设备安装要符合有关设备的技术要求和质量标准，安装过程中要控制好土建和设备安装的交叉流水作业；设备调试要按照设计要求和程序进行，分析调试结果；试车运转正常，并能配套投产，满足项目的设计生产要求。

（4）施工方法的控制：施工方法的控制主要包括施工方案、施工工艺、施工组织设计、施工技术措施等方面的控制。对施工方法的控制，应着重抓好以下几个方面的内容：

1）施工方案应随工程进展而不断细化和深化。

2）选择施工方案时，对主要项目要拟订几个可行方案，找出主要矛盾，明确各个方案的主要优缺点，通过反复论证和比较，选出最佳方案。

3）对主要项目、关键部位和难度较大的项目，如新结构、新材料、新工艺、大跨度、高大结构部位等，制订方案时要充分估计到可能发生的施工质量问题和处理方法。

（5）环境的控制。施工环境的控制主要包括自然环境、管理环境和劳动环境等。

1）自然环境的控制，主要是掌握施工现场水文、地质和气象资料信息，以便在编制施工方案、施工计划和措施时，能够从自然环境的特点和规律出发，制订地基与基础施工对策，防止地下水、地面水对施工的影响，保证周围建筑物及地下管线的安全；从实际条件出发做好冬雨季施工项目的安排和防范措施；加强环境保护和建设公害的治理。

2）管理环境的控制，主要是要按照承发包合同的要求，明确承包商和分包商的工作关系，建立现场施工组织系统运行机制及施工项目质量管理体系；正确处理施工过程安排和施工质量形成的关系，使两者能够相互协调、相互促进、相互制约；做好与施工项目外部环境的协调，包括与邻近单位、居民及有关各方面的沟通、协调，以保证施工顺利进行，提高施工质量，创造良好的外部环境和氛围。

3）劳动环境的控制，主要是做好施工平面图的合理规划和布置，规范施工现场机械设备、材料、构件的各项管理工作，做好各种管线和大型临时设施的布置；落实施工现场各种安全防护措施，做好明显标志，保证施工道路的畅通，安排好特殊环境下施工作业的通风照明措施；加强施工作业现场的及时清理工作，保证施工作业面的有序和整洁。

前面从影响施工项目质量的五个因素介绍了如何实施质量控制。由于施工阶段的质量控制是一个经由对投入资源和条件的质量控制（施工项目的事前质量控制），进而对施工生产过程以及各环节质量进行控制（施工项目的事中质量控制），直到对所完成的产出品的质量检验与控制（施工项目的事后质量控制）为止的全过程的系统控制过程，所以，施工阶段的质量控制可以根据施工项目实体质量形成的不同阶段划分为事前控制、事中控制和事后控制。

第二节　项目施工过程的质量控制

一、施工项目质量控制的三个阶段

为了保证工程项目的施工质量，应对施工全过程进行质量控制。根据工程项目质量形成阶段的时间，施工项目的质量控制可分为事前控制、事中控制和事后控制三个阶段。

（一）施工项目的事前质量控制

施工项目的事前质量控制，其具体内容有以下几个方面：

1. 技术准备，包括图纸的熟悉和会审、对施工项目所在地的自然条件和技术经济条件的调查和分析、编制施工组织设计、编制施工图预算及施工预算、对工程中采用的新材料、新工艺、新结构、新技术的技术鉴定书的审核、技术交底等。

2. 物资准备，包括施工所需原材料的准备、构配件和制品的加工准备、施工机具准备、生产所需设备的准备等。

3. 组织准备，包括选聘委任施工项目经理、组建项目组织班子、分包单位资质审查、签订分包合同、编制并评审施工项目管理方案、集结施工队伍并对其培训教育、建立和完善施工项目质量管理体系、完善现场质量管理制度等。

4. 施工现场准备，包括控制网、水准点、标桩的测量工作；协助业主实施“三通一平”；临时设施的准备；组织施工机具、材料进场；拟订试验计划及贯彻“有见证试验管理制度”的措施；项目技术开发和进一步计划等。

（二）施工项目事中的质量控制

施工项目事中的质量控制是指施工过程中的质量控制。事中质量控制的措施包括：施工过程交接有检查、质量预控有对策、施工项目有方案、图纸会审有记录、技术措施有交底、配制材料有试验、隐蔽工程有验收、设计变更有手续；质量处理有复查、成品保护有措施、质量文件有档案等。此外，对完成的分部和分项工程按相应的质量评定标准和办法进行检查和验收、组织现场质量分析会、及时通报质量情况等。

施工项目事中的质量控制的实质就是在质量形成过程中如何建立和发挥作业人员和管理人员的自我约束以及相互制约的监督机制，使施工项目质量形成从分项、分部到单位工程自始至终都处于受控状态。总之，在事前控制的前提下，事中控制是保证施工项目质量一次交验合格的重要环节，没有良好的作业自控和监控能力，施工项目质量就难以得到保证。

（三）施工项目事后的质量控制

施工项目事后的质量控制是指完成施工过程，形成产品的质量控制。其具体内容有以下几个方面：

1. 按规定的质量评定标准和办法对已经完成的分部分项工程、单位工程进行检查、评定、验收。

2. 组织联动试车。

3. 按编制竣工资料要求收集、整理质量记录。

4. 组织竣工验收、编制竣工文件、做好工程移交准备。

5. 对已完工的工程项目在移交前采取措施进行防护。

6. 整理有关工程项目质量的技术文件，并编目、建档。

二、工序质量控制

（一）工序及工序质量

工序就是人、机、料、法、环境对产品（工程）质量起综合作用的过程。工序的划分主要取决于生产（施工）技术的客观要求，同时也取决于分工和提高劳动生产率的要求。例如，钢筋工程是由调直、除锈、剪刀、弯曲成型、绑扎等工序组成。

施工工序是产品（工程）构配件或零部件生产（施工）制造过程的基本环节，是构成生产的基本单位，也是质量检验和管理的基本环节。

工序质量是指工序过程的质量。在生产（施工）过程中，由于各种因素的影响而造成产品（工程）产生质量波动，工序质量就是去发现、分析和控制工序质量中的质量波动，使影响每道工序质量的制约因素都能控制在一定范围内，确保每道工序的质量，不使上道工序的不合格品转入下道工序。工序质量决定了最终产品（工程）的质量。因此，对于施工企业来说，搞好工序质量就是保证单位工程质量的基础。

工序管理的目的是使影响产品（工程）质量的各种因素能始终处于受控状态的一种管理方法。因此，工序管理实质上就是对工序质量的控制。对工序的质量控制，一般采用建立质量控制点（管理点）的方法来加强工序管理。

工程项目施工质量控制就是对施工质量形成的全过程进行监督、检查、检验和验收的总称。施工质量由工作质量、工序质量和产品质量三者构成。工作质量是指参与项目实施全过程的人员，为保证施工质量所表现的工作水平和完善程度，如管理工作质量、技术工作质量、思想工作质量等。产品质量即是指建筑产品必须具有满足设计和规范所要求的安全可靠性、经济性、适用性、环境协调性、美观性等。工序质量包括工序作业条件和作业效果质量。工程项目的施工过程由一系列相互关联、相互制约的工序构成的，工序质量是基础，直接影响工程项目的产品质量，因此，必须先控制工序质量，从而保证整体质量。

（二）工序质量控制的程序

工序质量控制就是通过工序子样检验来统计、分析和判断整道工序质量，从而实现工序质量控制。工序质量控制的程序是：

1. 选择和确定工序质量控制点；

2. 确定每个工序控制点的质量目标；

3. 按规定的检测方法对工序质量控制点现状进行跟踪检测；

4. 将工序质量控制点的质量现状和质量目标进行比较，找出二者差距及产生原因；

5. 采取相应的技术、组织和管理措施，消除质量差距。

（三）工序质量控制的要点

1. 必须主动控制工序作业条件，变事后检查为事前控制。对影响工序质量的各种因素，如材料、施工工艺、环境、操作者和施工机具等项，要预先进行分析，找出主要影响因素，并加以严格控制，从而防止工序质量出现问题。

2. 必须动态控制工序质量，变事后检查为事中控制。及时检验工序质量，利用数理统计方法分析工序质量状态，并使其处于稳定状态。如果工序质量处于异常状态，则应停止施工；在经过原因分析，采取措施，消除异常状态后，方可继续施工。

3. 合理设置工序质量控制点，并做好工序质量预控工作。

4. 做好工序质量控制，应当遵循以下两点：

（1）确定工序质量标准，并规定其抽样方法，测量方法，一般质量要求和上、下波动幅度。

（2）确定工序技术标准和工艺标准，具体规定每道工序或操作的要求，并进行跟踪检验。

三、施工现场质量管理的基本环节

施工质量控制过程，不论是从施工要素着手，还是从施工质量的形成过程出发，都必须通过现场质量管理中一系列可操作的基本环节来实现。

现场质量管理的基本环节包括图纸会审、技术复核、技术交底、设计变更、三令管理、隐蔽工程验收、三检制、级配管理、材料检验、施工日记、质保材料、质量检验、成品保护等。其中一部分内容已在其他相关章节中进行了阐述，在此，仅对以下内容进行介绍。

（一）三检制

三检制是指操作人员的自检、互检和专职质量管理人员的专检相结合的检验制度。它是确保现场施工质量的一种有效的方法。

自检是指由操作人员对自己的施工作业或已完成的分项工程进行自我检验，实施自我控制、自我把关，及时消除异常因素，以防止不合格品进入下道作业。互检是指操作人员之间对所完成的作业或分项工程进行相互检查，是对自检的一种复核和确认，起到相互监督的作用。互检的形式可以是同组操作人员之间的相互检验，也可以是班组的质量检查员对本班组操作人员的抽检，同时也可以是下道作业对上道作业的交接检验。专检是指质量检验员对分部、分项工程进行的检验，用以弥补自检、互检的不足。专检还可细分为专检、巡检和终检。

实行三检制，要合理确定自检、互检和专检的范围。一般情况下，原材料、半成品、成品的检验以专职检验人员为主，生产过程的各项作业的检验则以施工现场操作人员的自检、互检为主，以专职检验人员巡回抽检为辅。成品的质量必须进行终检认证。

（二）技术复核

技术复核是指工程在未施工前所进行的预先检查。技术复核的目的是保证技术基准的正确性，避免因技术工作的疏忽差错而造成工程质量事故。因此，凡是涉及定位轴线，标高，尺寸，配合比，皮数杆，横板尺寸，预留洞口，预埋件的材质、型号、规格，吊装预制构件强度等，都必须根据设计文件和技术标准的规定进行复核检查，并做好记录和标识。

（三）技术核定

在实际施工过程中，施工项目管理者或操作者对施工图的某些技术问题有异议或者提出改善性的建议，如材料、构配件的代换，混凝土使用外加剂，工艺参数调整等，必须由施工项目技术负责人向设计单位提出“技术核定单”，经设计单位和监理单位同意后才能实施。

（四）设计变更

施工过程中，由于业主的需要或设计单位出于某种改善性考虑，以及施工现场实际条件发生变化，导致设计与施工的可行性发生矛盾，这些都将涉及施工图的设计变更。设计变更不仅关系施工依据的变化，而且涉及工程量的增减及工程项目质量要求的变化，因此，必须严格按照规定程序处理设计变更的有关问题。

一般的设计变更需设计单位签字盖章确认，监理工程师下达设计变更令，施工单位备案后执行。

（五）三令管理

在施工生产过程中，凡沉桩、挖土、混凝土浇灌等作业必须纳入按命令施工的管理范围，即三令管理。三令管理的目的在于核查施工条件和准备工作情况，确保后续施工作业的连续性、安全性。

（六）级配管理

施工过程中所涉及的砂浆或混凝土，凡在图纸上标明强度或强度等级的，均须纳入级配管理制度范围。级配管理包括事前、事中和事后管理三个阶段。事前管理主要是级配的试验、调整和确认；事中管理主要是砂浆或混凝土拌制过程中的监控；事后管理则为试块试验结果的分析，实际上是对砂浆或混凝土的质量评定。

（七）分部、分项工程和隐蔽工程的质量检验

施工过程中，每一分部、分项工程和隐蔽工程施工完毕后，质检人员均应根据合同规定、施工质量验收统一标准和专业施工质量验收规范的要求对已完工的分部、分项工程和隐蔽工程进行检验。质量检验应在自检、专业检验的基础上，由专职质量检查员或企业的技术质量部门进行核定。只有通过其验收检查，对质量确认后，方可进行后续工程施工或隐蔽工程的覆盖。

其中隐蔽工程是指那些施工完毕后将被隐蔽而无法或很难对其再进行检查的分部、分项工程，就土建工程而言，隐蔽工程的验收项目主要有地基、基础、基础与主体结构各部位钢筋、现场结构焊接、高强螺栓连接、防水工程等。

通过对分部、分项工程和隐蔽工程的检验，可确保工程质量符合规定要求，对发现的问题应及时处理，不留质量隐患及避免施工质量事故的发生。

（八）成品的保护

在施工过程中，有些分部、分项工程已经完成，而其他一些分部、分项工程尚在施工；或者是在其分部、分项施工过程中，某些部位已完成，而其他部位正在施工。在这种情况下，施工单位必须负责对已完成部分采取妥善措施予以保护，以免成品缺乏保护或保护不善而造成损伤或污染，影响工程的整体质量。

成品保护工作主要是要合理安排施工顺序、按正确的施工流程组织施工及制订和实施严格的成品保护措施。

第三节　质量控制点的设置

质量控制点就是根据施工项目的特点，为保证工程质量而确定的重点控制对象、关键部位或薄弱环节。

一、质量控制点设置的对象

设置质量控制点并对其进行分析是事前质量控制的一项重要内容。因此，在项目施工前应根据施工项目的具体特点和技术要求，结合施工中各环节和部位的重要性、复杂性，准确、合理地选择质量控制点。也就是选择那些保证质量难度大、对质量影响大的或是发生质量问题时危害大的对象作为质量控制点。如：

1. 关键的分部、分项及隐蔽工程，如框架结构中的钢筋工程、大体积混凝土工程、基础工程中的混凝土浇筑工程等。

2. 关键的工程部位，如民用建筑的卫生间、关键工程设备的设备基础等。

3. 施工中的薄弱环节，即经常发生或容易发生质量问题的施工环节，或在施工质量控制过程中无把握的环节，如一些常见的质量通病（渗水、漏水问题）。

4. 关键的作业，如混凝土浇筑中的振捣作业、钻孔灌注桩中的钻孔作业。

5. 关键作业中的关键质量特性，如混凝土的强度、回填土的含水量、灰缝的饱满度等。

6. 采用新技术、新工艺、新材料的部位或环节。进行质量预控，质量控制点的选择是关键。在每个施工阶段前，应设置并列出相应的质量控制点，如大体积混凝土施工的质量控制点应为原材料及配合比控制、混凝土坍落度控制及试块（抗压、抗渗）取样、混凝土浇捣控制、浇筑标高控制、养护控制等。凡是影响质量控制点的因素都可以作为质量控制点的对象，因此人、材料、机械设备、施工环境、施工方法等均可以作为质量控制点的对象，但对特定的质量控制点，它们的影响作用是不同的，应区别对待，重要因素，重点控制。

二、质量控制点的设置原则

在什么地方设置质量控制点，需要通过对工程的质量特性要求和施工过程中的各个工序进行全面分析来确定。设置质量控制点一般应考虑以下原则：

1. 对产品（工程）的适用性（性能、寿命、可靠性、安全性）有严重影响的关键质量特性、关键部位或重要影响因素，应设置质量控制点。

2. 对工艺上有严格要求，对下道工序的工作有严重影响的关键质量特性、部位应设置质量控制点。

3. 对经常出现不良产品的工序，必须设立质量控制点，如门窗装修。

4. 对会影响项目质量的某些工序的施工顺序，必须设立质量控制点，如冷拉钢筋要先对焊后冷拉。

5. 对会严重影响项目质量的材料质量和性能，必须设立质量控制点，如预应力钢筋的质量和性能。

6. 对会影响下道工序质量的技术间歇时间，必须设立质量控制点。

7. 对某些与施工质量密切相关的技术参数，要设立质量控制点，如混凝土配合比。

8. 对容易出现质量通病的部位，必须设立质量控制点，如屋面油毡铺设。

9. 某些关键操作过程，必须设立质量控制点，如预应力钢筋张拉程序。

10. 对用户反馈的重要不良项目应建立质量控制点。

11. 对紧缺物资或可能对生产安排有严重影响的关键项目应建立质量控制点。

建筑产品（工程）在施工过程中应设置多少质量控制点，应根据产品（工程）的复杂程度，以及技术文件上标记的特性分类、缺陷分级的要求而定。

第四节 施工项目质量管理的统计分析方法

质量管理中常用的统计方法有七种：排列图法、因果分析图法、直方图法、控制图法、相关图法、分层法和统计调查表法。这七种方法通常又称为质量管理的七种工具。

一、排列图法

（一）排列图法的概念

排列图法是利用排列图寻找影响质量主次因素的一种有效方法。排列图又称帕累托图或主次因素分析图，它是根据意大利经济学家帕累托（Pareto）提出的“关键的少数和次要的多数”原理，由美国质量管理学家朱兰（J.M.Juran）发明的一种质量管理图形，它由两个纵坐标、一个横坐标、几个连起来的直方形和一条曲线所组成。

（二）排列图的观察与分析

观察直方形，大致可看出各项目的影响程度。排列图中的每个直方形都表示一个质量问题或影响因素，影响程度与各直方形的高度成正比。

二、因果分析图法

因果分析图法是利用因果分析图来系统整理分析某个质量问题（结果）与其产生原因之间关系的有效工具。因果分析图也称特性要因图，因其形状又常被称为树枝图或鱼刺图。因果分析图由质量特性（质量结果或某个质量问题）、要因（产生质量问题的主要原因）、枝干（指一系列箭线表示不同层次的原因）、主干（指较粗的直接指向质量结果的水平箭线）等所组成。

在实际施工生产过程中，任何一种质量因素都是多种原因造成的，甚至是多层原因造成的，这些原因可以归结为五个方面：

1. 人（操作者）的因素；

2. 工艺（施工程序、方法）因素；

3. 设备的因素；

4. 材料（包括半成品）的因素；

5. 环境（地区、气候、地形等）因素。

但是，采取的提高质量措施是具体化的，因此还必须从上述五个方面中找出具体的甚至细小的原因。因果分析图就是为寻找这些原因的起源而采取的一种从大到小，从粗到细，追根到底的方法。

三、直方图法

（一）直方图的用途

直方图法即频数分布直方图法，是将收集到的质量数据进行分组整理，绘制成频数分布直方图，用以描述质量分布状态的一种分析方法，所以又称质量分布图法。通过对直方图的观察与分析，可了解产品质量的波动情况，掌握质量特性的分布规律，以便对质量状况进行分析判断。

（二）直方图的绘制

直方图绘制在直角坐标系中，横坐标表示特性值、纵坐标表示频数。直方用长条柱形表示；直方的宽度相等，有序性连续；以直方的高度表示频数的高低，直方的选择数目依样本大小确定；直方的区间范围应包容样本的所有值。

四、分层法

分层法又称分类法，是将调查收集的原始数据，根据不同的目的和要求，按某一性质进行分组、整理的分析方法。分层的结果使数据各层间的差异突出地显示出来，层内的数据差异减少。在此基础上再进行层间、层内的比较分析，以更深刻地发现和认识质量问题的本质和规律。由于产品质量是多方面因素共同作用的结果，因而对同一批数据，可以按不同性质分层，从不同角度来考虑、分析产品存在的质量问题和影响因素。

常用的分层标志有：按操作班组或操作者分层；按机械设备型号、功能分层；按工艺、操作方法分层；按原材料产地或等级分层；按时间顺序分层。

五、统计调查表法

统计调查表法是利用专门设计的统计调查表，进行数据收集、整理和分析质量状态的一种方法。在质量管理活动中，利用统计调查表收集数据，简便灵活，便于整理。它没有固定的格式，一般可根据调查的项目，设计不同的格式。

第五节　施工质量检查、评定及验收

一、施工质量检查

（一）质量检查的意义

质量检查（或称检验）的定义是“对产品、过程或服务的一种或多种特性进行测量、检查、试验、计量，并将这些特性与规定的要求进行比较以确定其符合性的活动”。在施工过程中，为了确定建筑产品是否符合质量要求，就需要借助某种手段或方法对产品（工程）的质量特性进行测定，然后把测定的结果同该特性规定的质量标准进行比较，从而判定该产品（工程）是合格品、优良品或不合格品，因此，质量检查是保证工程（产品）质量的重要手段，其意义在于：

1. 对进场原材料、外协件和半成品的检查验收，可防止不合格品进入施工过程，造成工程的重大损失。

2. 对施工过程中关键工序的检查和监督，可保证工程的要害部位不出差错。

3. 对交工工程进行严格的检查和验收，可维护用户的利益和本企业的信誉，提高社会、经济效益。

4. 可为全面质量管理提供大量、真实的数据，是全面质量管理信息的源泉，是建筑企业管理走向科学化、现代化的一项重要的基础工作。

（二）质量检查的内容

质量检查的内容由施工准备的检验、施工过程的检验以及交工验收的检验三部分内容组成。

1. 施工准备的检验内容

（1）对原材料、半成品、成品、构配件以及新产品的试制和新技术的推广，须进行预先检验。用直观的方法检验外形、规格、尺寸、色泽和平整度等；用仪器设备测试隔音、隔热、防水、抗渗、耐酸、耐碱、绝缘等物理、化学性能，以及构配件和结构性材料的抗弯、抗压、抗剪、抗震等力学性能检验工作。

对于混凝土和砂浆，还必须按设计配合比做试件检验，或采用超声波、回弹仪等测试手段进行混凝土非破损的检验。

（2）对工程地质、地貌、测量定位、标高等资料进行复核检查。

（3）对构配件放样图纸有无差错进行复核检查。

2. 施工过程的检验内容

在施工过程中，检验的内容包括分部分项工程的各道工序以及隐蔽工程项目。一般采用简单的工具，如线锤、直尺、长尺、水平尺、量筒等进行直观的检查，并做出准确的判断。如墙面的平整度与垂直度，灰缝的厚度；各种预制构件的型号是否符合图纸；模板的搭设标高、位置和截面尺寸是否符合设计；钢筋的绑扎间距、数量、规格和品种是否正确；预埋件和预留洞槽是否准确，隐蔽验收手续是否及时办理完善等。此外，施工现场所用的砂浆和混凝土都必须就地取样做成试块，按规定进行强度等级测试。坚持上道工序不合格不能转入下道工序施工。同时，要求在施工过程中收集和整理好各种原始记录和技术资料，把质量检验工作建立在让数据说话的基础之上。

3. 交工验收的检验内容

（1）检查施工过程的自检原始记录。

（2）检查施工过程的技术档案资料。如隐蔽工程验收记录、技术复核、设计变更、材料代用以及各类试验、试压报告等。

（3）对竣工项目的外观检查。其主要包括室内外的装饰、装修工程，屋面和地面工程，水、电及设备安装工程的实测检查等。

（4）对使用功能的检查。其包括门窗启闭是否灵活；屋面排水是否畅通；地漏标高是否恰当；设备运转是否正常；原设计的功能是否全部达到。

（三）质量检查的依据和方式

1. 质量检查的依据

（1）国家颁发的《建筑工程施工质量验收统一标准》、各专业工程施工质量验收规范及施工技术操作规程。

（2）原材料、半成品以及构配件的质量检验标准。

（3）设计图纸及施工说明书等有关设计文件。

2. 质量检查的方式

（1）全数检验：全数检验指对批量中的全部工程进行检验，此种检验一般应用于非破损性检查，检查项目少以及检验数量少的成品。这种检查方法工作量大，花费的时间长且只适用于非破坏性的检查。在建筑工程中，往往对关键性的或质量要求特别严格的分部分项工程，如对高级的大理石饰面工程，才采用这种检查方法。

（2）抽样检验：抽样检验指对批量中抽取部分工程进行检验，并通过检验结果对该批产品（工程）质量进行估计和判断的过程。抽样的条件是：产品（工程）在施工过程中质量基本上是稳定的，而抽样的产品（工程）批量大、项目多。如对分部分项工程，按一定的比率从总体中抽出一部分子样来分析，判断总体中所有检验对象的质量情况。这种检查与全数检查相对照，具有投入人力少、花费时间短和检查费用低的优点，因此，在一般分部分项工程中普遍采用。

抽样检查采用随机抽样的方法，所谓随机抽样，是使构成总体的每一单位体或位置，都有同等的机会、同样可能被抽到，从而避免抽样检查的片面性和倾向性。随机抽样时，除了上述同等的机会、同样的可能之外，还有一个数量的要求，即子样数量不应少于总体的10%。

（3）审核检验：审核检验随机抽取极少数样品，进行复核性的检验，查看质量水平的现状，并做出准确的评价。

（四）质量检查计划及工作步骤

1. 质量检查计划

质量检查计划通常包含于质量计划中，是以书面形式，将质量检查的内容、方法、进行时间、评价标准及有关要求等表述清楚，使质量检查人员工作有所遵循的技术性计划（质量检查技术措施）。

质量检查计划应由项目部有比较丰富质量管理经验的专业管理人员根据工程实际情况编写，经工程项目的技术负责人审核、批准后，即为该工程质量检查工作的技术性作业指导文件。

一般来说，质量检查计划应包括以下内容：（1）工程项目名称（单位工程）；（2）检查项目及检查部位；（3）检查方法（量测，无损检测、理化试验、观感检查）；（4）检查所依据的标准、规范；（5）判定合格标准；（6）检查程序（检查项目、检查操作的实施顺序）；（7）检查执行原则（是抽样检查还是全数检查、抽样检查的原则）；（8）不合格处理的原则程序及要求；（9）应填写的质量记录或签发的检查报告；等等。

2. 质量检查工作的步骤

质量检查是一个过程，一般包括明确质量要求、测试、比较、判定和处理五个工作步骤。

（1）明确质量要求：一项工程、一种产品在检查之前，必须依据检验标准规定，明确要检查哪些项目以及每个项目的质量指标，如果是抽样检查，还要明确如何抽检，此外，生产组织者、操作者以及质量检查员都要明确合格品、优良品的标准。

（2）测试：规定用适当的方法和手段测试产品（工程），以得到正确的质量特性值和结果。

（3）比较：将测得数据同规定的质量要求比较。

（4）判定（评定）：根据比较的结果判定分项、分部或单位工程是合格品或不合格品，批量产品是合格批或不合格批。

（5）处理：对不合格品有以下几种处理方式：

1）对分项工程经质量检查评定为不合格品时，应返工重做。

2）对分项工程经质量检查评定为不合格品时，经加固补强或经法定检测单位鉴定达到设计要求的，其质量只能评为“合格”。

3）对分项工程经质量检验评定为不合格品时，经法定检测单位鉴定达不到设计要求，但经设计单位和建设单位认为能满足结构安全和使用功能要求时可不加固补强，或经加固补强改变了原设计结构尺寸或造成永久性缺陷的，其质量可评为“合格”，所在分部工程不应评为“优良”。

记录所测得的数据和判定结果反馈给有关部门，以便促使其改进质量。在质量检查中，操作者和检查者必须按规定认真记录所测得的数据，原始数据记录不全、不准，便会影响对工程质量的全面评价和进一步改进提高。

（五）质量检查的方法

检查方法选择是否适当，对检测结果和评价产品（工程）质量的正确性有重大关系。若检查方法选择不当，往往会严重损害检测结果的准确性和可信度，甚至会把不合格品判为合格品，把合格品判为不合格品，导致不应有的损失，甚至还会造成严重的后果。

建筑施工企业现有的检测方法，基本上分为物理与化学检验、感官检验两大类。

1. 物理与化学检验

凡是主要依靠量具、仪器及检测设备、装置，应用物理或化学方法对受检物进行检验而获得检验结果的方法，叫作物理与化学检验。

目前施工过程中对建筑物轴线、标高、长、宽、平整、垂直等的检验；对砖、砂、石、钢筋等原材料的检验均使用了水平仪、经纬仪、尺、塞尺等仪器、量具、检测设备、装置及物理或化学分析等方法，这是检验方法的主体。随着现代科学技术的进步，建筑施工企业的检测方法也将不断得到改进和发展。

2. 感官检验

依靠人的感觉器官来进行有关质量特性或特征的评价判定的活动，称为感官检验。如对于黏结的牢固程度用手抚摩，砌砖出现了几处通缝要用眼观看等，这些往往是依靠人的感觉器官来评价的。

感官检验在把感觉数量化及比较判定的过程中，都不时地受到人的“条件”影响，如错觉、时空误差、疲劳程度、训练效果、心理影响、生理差异等。但建筑工程中仍有许多质量特性和特征仍然需要依靠感官检验来进行鉴别和评定，为了保证判定的准确性，应注意不断提高人的素质。

二、施工质量验收

为了加强建筑工程质量管理，统一建筑工程施工质量的验收、保证工程质量，2001年7月20日建设部与国家市场监督管理总局联合发布了《建筑工程施工质量验收统一标准》（GB 50300—2001），于2002年1月1日实施，原《建筑安装工程质量检验评定统一标准》（GBJ 300-88）同时废止，以下介绍该标准的基本要求。

（一）基本规定

1.施工现场质量管理应有相应的施工技术标准，健全的质量管理体系、施工质量检验制度和综合施工质量水平评定考核制度。

2.建筑工程应按下列规定进行施工质量控制

（1）建筑工程采用主要材料、半成品、成品、建筑构配件、器具和设备应进行现场验收。凡涉及安全、功能的有关产品，应按各专业工程质量验收规范规定进行复验，并应经监理工程师（建设单位技术负责人）检查认可。

（2）各工序应按施工技术标准进行质量控制，每道工序完成后，应进行检查。

（3）相关各专业工种之间，应进行交接检验，并形成记录。未经监理工程师（建设单位技术负责人）检查认可，不得进行下道工序施工。

3.建筑工程施工质量应按下列要求进行验收

（1）建筑工程施工质量应符合该统一标准和相关专业验收规范的规定。

（2）建筑工程施工应符合工程勘察、设计文件的要求。

（3）参加工程施工质量验收的各方人员应具备规定的资格。

（4）工程质量的验收均应在施工单位自行检查评定的基础上进行。

（5）隐蔽工程在隐蔽前应由施工单位通知有关单位进行验收，并形成验收文件。

（6）涉及结构安全的试块、试件以及有关材料，应按规定进行见证取样检测。

（7）检验批的质量应按主控项目和一般项目验收。

（8）对涉及结构安全和使用功能的重要分部工程应进行抽样检测。

（9）承担见证取样检测及有关结构安全检测的单位应具有相应资质。工程的观感质量应由验收人员通过现场检查，并应共同确认。

（二）建筑工程质量验收的划分

1.质量验收划分的作用

建筑工程质量验收应划分为单位（子单位）工程、分部（子分部）工程、分项工程和检验批。分项、分部和单位工程的划分，是为了方便质量管理，根据某项工程的特点，人为地将其划分为若干个分项、分部和单位工程，以对其进行质量控制和检验评定。

质量验收划分可起到以下作用：

（1）对于大量建筑规模较大的单体工程和具有综合使用功能的综合性建筑物，一般施工周期长，受多种因素的影响，可能不易一次建成投入使用，质量验收划分可使已建成的可使用部分投入使用，以发挥投资效益。

（2）建设期间，需要将其中的一部分提前建成使用，对于规模特大的工程，一次性验收不方便，因此，有些建筑物整体划分为一个单位工程验收已不适应，故可将此类工程划分为若干个子单位工程进行验收。

（3）随着生产、工作、生活条件要求的提高，建筑物的内部设施也越来越多样化；

建筑物相同部位的设计也呈多样化；新型材料大量涌现；加之施工工艺和技术的发展，使分项工程越来越多，因此，按建筑物的主要部位和专业来划分分部工程已不适应要求，故在分部工程中，按相近工作内容和系统划分若干子分部工程，这样有利于正确评价建筑工程质量，有利于进行验收。

分项工程可由一个或若干检验批组成，检验批可根据施工及质量控制和专业验收需要按楼层、施工段、变形缝等进行划分。

2. 质量验收划分的原则

（1）建筑物（构筑物）单位工程的划分：建筑物（构筑物）单位工程由建筑工程和建筑设备安装工程共同组成，目的是提高建筑物（构筑物）的整体质量。凡是为生产、生活创造环境条件的建筑物（构筑物），不分民用建筑还是工业建筑，都是一个单位工程。一个独立的、单一的建筑物（构筑物）即为一个单位工程，如，一个住宅小区建筑群中，每一个独立的建筑物（构筑物），如一栋住宅楼、一个商店、锅炉房、变电站，一所学校的一个教学楼、一个办公楼、传达室等均为一个单位工程。对特大的工业厂房（构筑物）的单位工程，可根据实际情况，具体划定单位工程。

根据《建筑工程质量验收统一标准》，单位工程的划分应按下列原则确定：

1）具备独立施工条件并能形成独立使用功能的建筑物及构筑物为一个单位工程。

2）建筑规模较大的单位工程，可将其能形成独立使用功能的部分为一个子单位工程。具有独立施工条件和能形成独立使用功能是单位（子单位）工程划分的基本要求。在施工前由建设、监理、施工单位自行商议确定，并据此收集整理施工技术资料和验收。

（2）分部工程的划分应按下列原则确定：

1）分部工程的划分应按专业性质、建筑部位确定。

2）当分部工程量较大且较复杂时，可将其中相同部分的工程或能形成独立专业体系的工程，按材料种类、施工特点、施工程序、专业系统及类别等划分为若干子分部工程。

（3）分项工程应按主要工种、材料、施工工艺、设备类别等进行划分。

（4）检验批的划分：检验批的定义是按统一的生产条件或按规定的方式汇总起来供检验用的，由一定数量的样本组成的检验体。分项工程可由一个或若干检验批组成。分项工程划分成检验批进行验收有助于及时纠正施工中出现的质量问题，确保工程质量，也符合施工实际需要。多层及高层建筑工程中主体分部的分项工程可按楼层或施工段来划分检验批，单层建筑工程中的分项工程可按变形缝等划分检验批；地基基础分部工程中的分项工程一般划分为一个检验批，有地下层的基础工程可按不同地下层划分检验批；屋面分部工程中的分项工程不同楼层屋面可划分为不同的检验批；其他分部工程中的分项工程，一般按楼层划分检验批；对于工程量较少的分项工程可统一划分为一个检验批。安装工程一般按一个设计系统或设备组别划分为一个检验批。室外工程统一划分为一个检验批，散水、台阶、明沟等含在地面检验批中。

（5）室外工程的划分：室外工程可根据专业类别和工程规模划分单位（子单位）工程。

（三）建筑工程质量验收的要求及记录

1. 检验批的验收

（1）检验批是工程验收的最小单位，是分项工程乃至整个建筑工程质量验收的基础。检验批是施工过程中条件相同并有一定数量的材料、构配件或安装项目，由于其质量基本均匀一致，因此可以作为检验的基础单位，并按批验收。

检验批合格质量应符合下列规定：

1）主控项目和一般项目的质量经抽样检验合格。

2）具有完整的施工操作依据、质量检查记录。

标准给出了检验批质量合格的两个条件，资料检查、主控项目检验和一般项目检验。质量控制资料反映了检验批从原材料到最终验收的各施工工序的操作依据，检查情况以及保证质量所必需的管理制度等。对其完整性的检查，实际是对过程控制的确认，这是检验批合格的前提。

为了使检验批的质量符合安全和功能的基本要求，达到保证建筑工程质量的目的，各专业工程质量验收规范应对各检验批的主控项目、一般项目的子项合格质量给予明确的规定。检验批的合格质量主要取决于对主控项目和一般项目的检验结果。主控项目是对检验批的基本质量起决定性影响的检验项目，因此必须全部符合有关专业工程验收规范的规定。这意味着主控项目不允许有不符合要求的检验结果，即这种项目的检查具有否决权。鉴于主控项目对基本质量的决定性影响，从严要求是必需的。

（2）检验批的质量检验，应根据检验项目的特点在下列抽样方案中进行选择：

1）计量、计数或计量计数等抽样方案。

2）一次、两次或多次抽样方案。

3）根据生产连续性和生产控制稳定性情况，尚可采用调整型抽样方案。

4）对重要的检验项目当可采用简易快速的检验方法时，可选用全数检验方案。

5）经实践检验有效的抽样方案。

（3）在制订检验批的抽样方案时，对生产方风险（或错判概率 a）和使用方风险（或漏判概率 β）可按下列规定进行：

1）主控项目：对应于合格质量水平的 α 和 β 均不宜超过 5%。

2）一般项目：对应于合格质量水平的 α 不宜超过 5%，β 不宜超过 10%。

检验批的质量验收记录由施工项目专业质量检查员填写，监理工程师（建设单位项目专业技术负责人）组织项目专业质量检查员等进行验收并记录。

2. 分项工程的验收

分项工程的验收在检验批的基础上进行。一般情况下，两者具有相同或相近的性质，只是批量大小不同而已。因此，将有关的检验批汇集构成分项工程。分项工程合格质量的条件比较简单，只要构成分项工程的各检验批的验收资料文件完整，并且均已验收合格，则分项工程验收合格。

分项工程质量验收合格应符合下列规定：

（1）分项工程所含的检验批均应符合合格质量的规定。

（2）分项工程所含的检验批的质量验收记录应完整。

分项工程质量应由监理工程师（建设单位项目专业技术负责人）组织项目专业技术负责人等进行验收并记录。

3. 分部工程的验收

分部工程的验收在其所含各分项工程验收的基础上进行，分部（子分部）工程质量验收合格应符合下列规定：

（1）分部（子分部）工程所含分项工程的质量均应验收合格。

（2）质量控制资料应完整。

（3）地基与基础、主体结构和设备安装等分部工程有关安全及功能的检验和抽样检测结果应符合有关规定。

（4）观感质量验收应符合要求。

上述规定的意义是：分部工程的各分项工程必须已验收合格且相应的质量控制资料文件必须完整，这是验收的基本条件。此外，由于各分项工程的性质不尽相同，因此作为分部工程不能简单地组合而加以验收，尚需增加两类检查项目，即涉及安全和使用功能的地基基础、主体结构、有关安全及重要使用功能的安装分部工程应进行有关见证取样送样试验或抽样检测以及观感质量验收。由于这类检查往往难以定量，只能以观察、触摸或简单量测的方式进行，并由各个人的主观印象判断，检查结果并不给出“合格”或“不合格”的结论，而是综合给出质量评价。对于“差”的检查点应通过返修处理等补救。分部（子分部）工程质量应由总监理工程师（建设单位项目专业负责人）组织施工项目经理和有关勘察、设计单位项目负责人进行验收并记录。

4. 单位工程的验收

单位工程质量验收也称质量竣工验收，是建筑工程投入使用前的最后一次验收，也是最重要的一次验收。

单位（子单位）工程质量验收合格应符合下列规定：

（1）单位（子单位）工程所含分部（子分部）工程的质量均应验收合格。

（2）质量控制资料应完整。

（3）单位（子单位）工程所含分部工程有关安全和功能的检测资料应完整。

（4）主要功能项目的抽查结果应符合相关专业质量验收规范的规定。

（5）观感质量验收应符合要求。

除构成单位工程的各分部工程应该合格，并且有关的资料文件应完整，即除上述（1）、（2）两项以外，还须进行另外三个方面的检查，即

1）涉及安全和使用功能的分部工程应进行检验资料的复查。不仅要全面检查其完整

性（不得有漏检缺项），而且对分部工程验收时补充进行的见证抽样检验报告也要复核。这种强化验收的手段体现了对安全和主要使用功能的重视。

2）对主要使用功能还须进行抽查。使用功能的检查是对建筑工程和设备安装工程最终质量的综合检验，也是用户最为关心的内容。因此，在分项、分部工程验收合格的基础上，竣工验收时再做全面检查。抽查项目是在检查资料文件的基础上由参加验收的各方人员商定，并用计量、计数的抽样方法确定检查部位。检查要求按有关专业工程施工质量验收标准的要求进行。

3）还须由参加验收的各方人员共同进行观感质量检查。检查的方法、内容、结论等已在分部工程的相应部分中阐述，最后共同确定是否通过验收。

5. 建筑工程质量不符合要求时的处理办法

一般情况下，不合格现象在最基层的验收单位—检验批时就应发现并及时处理，否则将影响后续检验批和相关的分项、分部工程的验收。因此所有质量隐患必须尽快消灭在萌芽状态，这也是以强化验收促进过程控制原则的体现。非正常情况的处理分以下五种情况：

（1）经返回重做或更换器具、设备的检验批，应重新验收。这是指在检验批验收时，其主控项目不能满足验收规范规定或一般项目超过偏差限值的子项不符合检验规定的要求时，应及时进行处理的检验批。其中，严重的缺陷应推倒重来；一般的缺陷通过翻修或更换器具、设备予以解决，应允许施工单位在采取相应的措施后重新验收。如能够符合相应的专业工程质量验收规范，则应认为该检验批合格。

（2）经有资质的检测单位检测鉴定能够达到设计要求的检验批，应予以验收。这是指个别检验批发现试块强度等不满足要求等问题，难以确定是否验收时，应请具有资质的法定检测单位检测。当鉴定结果能够达到设计要求时，该检验批仍应认为通过验收。

（3）经有资质的检测单位检测鉴定达不到设计要求，但经原设计单位核算认可能够满足结构安全和使用功能的检验批，可予以验收。

如经检测鉴定达不到设计要求，但经原设计单位核算，仍能满足结构安全和使用功能的情况，该检验批可以予以验收。一般情况下，规范标准给出了满足安全和功能的最低限度要求，而设计往往在此基础上留有一些余量。不满足设计要求和符合相应规范标准的要求，两者并不矛盾。

（4）经返修或加固处理的分项、分部工程，虽然改变外形尺寸但仍能满足安全使用要求，可按技术处理方案和协商文件进行验收。更为严重的缺陷或者超过检验批的更大范围内的缺陷，可能影响结构的安全性和使用功能。若经法定检测单位检测鉴定以后认为达不到规范标准的相应要求，即不能满足最低限度的安全储备和使用功能，则必须按一定的技术方案进行加固处理，使之能保证其满足安全使用的基本要求。这样会造成一些永久性的缺陷，如改变结构外形尺寸，影响一些次要的使用功能等。为了避免社会财富更大的损失，在不影响安全和主要使用功能的条件下可按处理技术方案和协商文件进行验收，责任方应承担经济责任，但不能作为轻视质量而回避责任的一种出路，这是应该特别注意的。

（5）分部工程、单位（子单位）工程存在严重的缺陷，经返修或加固处理仍不能满足安全使用要求的，严禁验收。

（四）验收的程序和组织

1. 关于验收工作的规定

《建筑工程施工质量验收统一标准》（GB 50300—2001）对建筑工程施工质量进行验收做出了如下规定：

（1）建筑工程施工质量应符合本标准和相关专业验收规范的规定。

（2）建筑工程施工应符合工程勘察、设计文件的要求。

（3）参加工程施工质量验收的各方人员应具备规定的资格。

（4）工程质量的验收均应在施工单位自行检查评定的基础上进行。

（5）隐蔽工程在隐蔽前应由施工单位通知有关单位进行验收，并形成验收文件。

（6）涉及结构安全的试块、试件以及有关材料，应按规定进行见证取样检测。

（7）检验批的质量应按主控项目和一般项目验收。

（8）对涉及结构安全和使用功能的重要分部工程应进行抽样检测。

（9）承担见证取样检测及有关结构安全检测的单位应具有相应资质。

（10）工程的观感质量应由验收人员通过现场检查，并应共同确认。

2. 检验批和分项工程的验收规定

《标准》规定，检验批及分项工程应由监理工程师（建设单位项目技术负责人）组织施工单位项目专业质量（技术）负责人等进行验收。

检验批和分项工程是建筑工程质量的基础，因此，所有检验批和分项工程均应由监理工程师或建设单位项目技术负责人组织验收。验收前，施工单位先填好“检验批和分项工程的质量验收记录”（有关监理记录和结论不填），并由项目专业质量检验员和项目专业技术负责人分别在检验批和分项工程质量检验记录相关栏目上签字，然后由监理工程师组织，严格按规定程序进行验收。

3. 分部工程的验收规定

《标准》规定，分部工程应由总监理工程师（建设单位项目负责人）组织施工单位项目负责人和技术、质量负责人等进行验收；地基与基础、主体结构分部工程的勘察、设计单位工程项目负责人和施工单位技术、质量部门负责人也应参加相关分部工程验收。

上述要求规定了分部（子分部）工程验收的组织者及参加验收的相关单位和人员。

工程监理实行总监理工程师负责制，因此，分部工程应由总监理工程师（建设单位项目负责人）组织施工单位的项目负责人和项目技术、质量负责人及有关人员进行验收。因为地基基础、主体结构的主要技术资料和质量问题是归技术部门和质量部门掌握，所以规定施工单位的技术、质量部门负责人参加验收是符合实际的。

由于地基基础、主体结构技术性能要求严格，技术性强，关系着整个工程的安全，因此，规定这些分部工程的勘察、设计单位工程项目负责人也应参加相关分部的工程质量验收。

4. 单位工程验收规定

（1）《标准》规定，单位工程完工后，施工单位应自行组织有关人员进行检查评定，并向建设单位提交工程验收报告。即规定单位工程完成后，施工单位首先要依据质量标准、设计图纸等组织有关人员进行自检，并对检查结果进行评定，符合要求后向建设单位提交工程验收报告和完整的质量资料，请建设单位组织验收。

（2）《标准》还规定，建设单位收到工程验收报告后，应由建设单位（项目）负责人组织施工（含分包单位）、设计、监理等单位（项目）负责人进行单位（子单位）工程验收。即规定单位工程质量验收应由建设单位负责人或项目负责人组织，由于设计、施工、监理单位都是责任主体，因此设计、施工单位负责人或项目负责人及施工单位的技术、质量负责人和监理单位的总监理工程师均应参加验收（勘察单位虽然亦是责任主体，但已经参加了地基验收，故单位工程验收时，可以不参加）。

在一个单位工程中，对满足生产要求或具备使用条件，施工单位已预验，监理工程师已初验通过的子单位工程，建设单位可组织进行验收。由几个施工单位负责施工的单位工程，如果其中的施工单位所负责的子单位工程已按设计完成，并经自行检验，也可按规定的程序组织正式验收，办理交工手续。在整个单位工程进行全部验收时，已验收的子单位工程验收资料应作为单位工程验收的附件。

5. 总包和分包单位的验收程序

当单位工程有分包单位施工时，分包单位对所承包的工程项目应按本标准规定的程序检查评定，总包单位应派人参加。分包工程完成后，应将工程有关资料交总包单位。

本条规定了总包单位和分包单位的质量责任和验收程序。由于《建设工程承包合同》的双方主体是建设单位和总承包单位，总承包单位应按照承包合同的权利义务对建设单位负责。分包单位对总承包单位负责，亦应对建设单位负责。因此，分包单位对承建的项目进行检验时，总包单位应参加。检验合格后，分包单位应将工程的有关资料移交总包单位，待建设单位组织单位工程质量验收时，分包单位负责人应参加验收。

6. 验收工作的协调及备案制度

当参加验收各方对工程质量验收意见不一致时，可请当地建设行政主管部门或工程质量监督机构协调处理。

上述要求规定了建筑工程质量验收意见不一致时的组织协调部门。协调部门可以是当地建设行政主管部门，或其委托的部门（单位），也可是各方认可的咨询单位。单位工程质量验收合格后，建设单位应在规定时间内将工程竣工验收报告和有关文件，报建设行政管理部门备案。建设工程竣工验收备案制度是加强政府监督管理，防止不合格工程流向社会的一个重要手段。建设单位应依据《建设工程质量管理条例》和建设部的有关规定，到县级以上人民政府建设行政主管部门或其他有关部门备案。否则，不允许投入使用。

三、施工项目质量评定

按施工项目质量验收的要求，对施工质量进行评定。

（一）施工项目质量评定等级

有关检验批、分项、分部（子分部）、单位（子单位）工程质量均分为“合格”与“优良”两个等级。

1. 检验批质量评定

（1）合格：主控项目和一般项目的质量经抽样检验全部合格，具有完整的施工操作依据、质量检查记录。

（2）优良：在合格的基础上，检验批所包含的各个指定项目均达到优良。其中指定项目优良是指指定项目质量经抽样检验，符合相关专业质量评定标准中优良标准的符合率达到 80% 及以上。

2. 分项工程质量评定

（1）合格：分项工程所含的检验批均应符合合格质量的规定，分项工程所含的检验批的质量验收记录应完整。

（2）优良：在合格的基础上，其中有 60% 及以上检验批为优良。

3. 分部（子分部）工程质量评定

（1）合格：分部（子分部）工程所含分项工程的质量均应合格；质量控制资料应完整；地基与基础、主体结构和设备安装等分部工程有关安全及功能的检验和抽样检测结果应符合有关规定；观感质量评定应符合要求。

（2）子分部优良：在合格的基础上，其中有 60% 及以上分项为优良，观感质量评定优良。

（3）分部优良：在合格的基础上，其中有 60% 及以上子分部为优良，其主要子分部必须优良。

注：主体结构分部的主要子分部工程为：

A. 当主体工程结构类型为混凝土结构时，其主要子分部为混凝土结构子分部；

B. 当主体工程结构类型为砌体结构时，其主要子分部为砌体结构子分部；

C. 当主体工程结构类型为钢结构时，其主要子分部为钢结构子分部。

建筑给水、排水及采暖分部的主要子分部为供热锅炉及辅助设备安装；电气安装分部工程的主要子分部为变配电室；通风与空调分部工程的主要子分部为净化空调系统；观感质量评定优良。

4. 单位（子单位）工程质量评定

（1）合格：单位（子单位）工程所含分部（子分部）工程的质量均应评定合格；质量控制资料应完整；单位（子单位）工程所含分部工程有关安全和功能的检测资料应完整；

主要功能项目的抽查结果应符合相关专业质量验收规范的规定；观感质量评定应符合要求。

（2）优良：在合格的基础上，其中有 60% 及以上的分部为优良，建筑工程必须含主体结构分部和建筑装饰装修分部工程；以建筑设备安装为主的单位工程，其指定的分部工程必须优良。如变、配电室的建筑电气安装分部工程；空调机房和净化车间的通风与空调分部工程；锅炉房的建筑给水、排水及采暖分部工程等。观感质量综合评定为优良。

观感质量评定（综合评定）优良应符合下列规定：

按照本标准和相关专业标准的有关要求进行观感质量检查，每个观感检查项中，有 60% 及以上抽查点符合相关专业标准的优良规定，该项即为优良；

（二）质量评定程序和组织

1. 检验批、分项工程质量应在施工班组自检的基础上，由项目专业（技术）质量负责人组织评定。

2. 分部（子分部）工程质量应由项目负责人组织项目技术质量负责人、专业工长、专业质量检查员进行评定。其中地基、基础、主体结构分部工程质量，在施工项目评定的基础上，还应由企业技术质量主管部门组织检查。

3. 单位（子单位）工程质量评定应按下列规定进行：

（1）单位工程完工后，由项目负责人组织各有关部门及分包单位项目负责人进行评定，并报企业技术质量主管部门。

（2）由企业技术质量主管部门组织有关部门对单位工程进行核定。

四、工程竣工验收

工程竣工验收分施工项目竣工验收和建设项目竣工验收两个阶段。

施工项目竣工验收是建设项目竣工验收的第一阶段，可称为初步验收或交工验收，其含义是建筑施工企业完成其承建的单项工程后，接受建设单位的检验，合格后向建设单位交工。它与建设项目竣工验收不同。

建设项目竣工验收是动用验收，是指建设单位在建设项目按批准的设计文件所规定的内容全部建成后，向使用单位（国有资金建设的工程向国家）交工的过程。

施工项目竣工验收只是局部验收或部分验收。其验收过程是：建设项目的某个单项工程已按设计要求建完，能满足生产要求或具备使用条件，施工单位就可以向建设单位发出交工通知。建设单位在接到施工单位的交工通知后，在做好验收准备的基础上，组织施工、监理、设计等单位共同进行交工验收。在验收中应按试车规程进行单机试车、无负荷联动试车及负荷联动试车。验收合格后，建设单位与施工单位签订《交工验收证书》。当建设项目规模小、较简单时，可把施工项目竣工验收与建设项目竣工验收合为一次进行。

《房屋建筑工程和市政基础设施工程竣工验收暂行规定》中明确：国务院建设行政主管部门负责全国工程竣工验收的监督管理工作。县级以上地方人民政府建设行政主管部门负责本行政区域内工程竣工验收的监督管理工作。

工程项目竣工验收工作，由建设单位负责组织实施。县级以上地方人民政府建设行政主管部门应当委托工程质量监督机构对工程竣工验收实施监督。

负责监督该工程的工程质量监督机构应当对工程竣工验收的组织形式、验收程序、执行验收标准等情况进行现场监督，发现有违反建设工程质量管理规定行为的，责令改正，并将工程竣工验收的监督情况作为工程质量监督报告的重要内容。

（一）工程竣工验收的准备工作、要求及条件

1. 工程竣工（施工项目竣工）验收的准备工作

施工单位对施工项目的工程竣工验收应做好以下准备工作：

（1）施工项目的收尾工作。

（2）文件、资料的准备。

（3）竣工自验：竣工自验应做好以下工作：

1）自验的标准应与正式验收一样，主要依据是：国家（或地方政府主管部门）规定的竣工标准和竣工口径；工程完成情况是否符合施工图纸和设计的使用要求；工程质量是否符合国家和地方政府规定的标准和要求；工程是否达到合同规定的要求和标准等。

2）参加自验的人员，应由项目经理组织生产、技术、质量、合同、预算以及有关的施工工长（或施工员、工号负责人）等共同参加。

3）自验的方式，应分层分段、分房间地由上述人员按照自己主管的内容逐一进行检查。在检查中要做好记录。对于不符合要求的部位和项目，确定修补措施和标准，并指定专人负责，定期修理完毕。

4）复验。在基层施工单位自我检查的基础上，并对查出的问题修补完毕以后，项目经理应提请上级进行复验（按一般习惯，国家重点工程、省市级重点工程，都应提请总公司级的上级单位复验）。通过复验，要解决全部遗留问题，为正式验收做好充分的准备。

2. 工程竣工验收要求

（1）单项工程竣工验收要求：单项工程竣工验收是指在一个建设项目内，某个单项工程已按项目设计要求建设完成，能够满足生产要求或具备使用条件，并经承建单位预验和监理工程师初验已通过。可以满足单项工程验收条件，就应该进行该单项工程正式验收。

如果单项工程由若干个承建单位共同施工时，当某个承建单位施工部分，已按项目设计要求全部完成，而且符合项目质量要求，也可组织该部分正式验收，并办理交工手续；对于住宅建设项目，也可以按单个住宅逐幢进行正式验收，以便及早交付使用。

（2）建设项目竣工验收要求：建设项目竣工验收就是项目全部验收；它是指整个建设项目已按项目设计要求全部建设完毕，已具备竣工验收标准和条件；经承建单位预验合格，建设单位或监理工程师初验认可，由建设主管部门组织建设、设计、施工和质监部门，成立项目验收小组进行正式验收；对于比较重要的大型建设项目，应由国家计委组织验收

委员会进行正式验收。

建筑安装工程竣工标准，因建筑物本身的性能和情况不同，也有所不同，主要有下列三种情况：

1）生产性或科研性房屋建筑的竣工标准是：土建工程，水、暖、电、气、卫生、通风工程（包括外管线）和属于该建筑物组成部分的控制室、操作室、设备基础、生活间乃至烟囱等，均已全部完成，即只有工艺设备尚未安装者，即视为房屋承包的单位工程达到竣工标准，可进行竣工验收。总之，这类建筑工程竣工标准是，一旦工艺设备安装完毕，即可试运转乃至投产使用。

2）民用建筑和居住建筑的竣工标准是：土建工程，水、暖、电、热、煤气、通风工程（包括其室外的管线），均已全部完成，电梯等设备也已完成，达到水通、灯亮，具备使用条件，可达到竣工标准，组织竣工验收。总之，这种类型建筑的竣工标准是，房屋建筑能够交付使用，住宅可以住人。

3）具备下列条件的建筑工程，亦可按达到竣工标准处理：

①房屋室外或小区内之管线已经全部完成，但属于市政工程单位承担的干管或干线尚未完成，因而造成房屋尚不能使用的建筑工程，房屋承包单位仍可办理竣工验收手续；

②房屋工程已经全部完成，只是电梯未到货或晚到货而未安装，或虽已安装但不能与房屋同时使用，房屋承包单位亦可办理竣工验收手续；

③生产性或科研性房屋建筑已经全部完成，只是因主要工艺设计变更或主要设备未到货，因而只剩下设备基础未做的，房屋承包单位亦可办理竣工验收手续。

以上三种情况之所以可视为达到竣工标准并组织竣工验收，是因为这些客观问题完全不是施工单位所能解决的，有时解决这些问题往往需要很长时间，没有理由因为这些客观问题而拒绝竣工验收而导致施工单位无法正常经营。

有的建设项目（工程）基本符合竣工验收标准，只是零星土建工程和少数非主要设备未按设计规定的内容全部建成，但不影响正常生产，亦应办理竣工验收手续。对于剩余工程，应按设计留足投资，限期完成。有的项目投产初期一时不能达到设计能力所规定的产量，不应因此拖延办理验收和移交固定资产手续。

有些建设项目和单项工程，已形成部分生产能力或实际上生产方面已经使用，近期不能按原计划规模续建的，应从实际情况出发，可缩小规模，报主管部门批准后，对已完成的工程和设备，尽快组织验收，移交固定资产。

4）根据《房屋建筑工程和市政基础设施工程竣工验收暂行规定》，工程符合下列要求方可进行竣工验收：

①完成工程设计和合同约定的各项内容；

②施工单位在工程完工后对工程质量进行了检查，确认工程质量符合有关法律法规和工程建设强制性标准，符合设计文件及合同要求，并提出工程竣工报告，工程竣工报告应经项目经理和施工单位有关负责人审核签字；

③对于委托监理的工程项目，监理单位对工程进行了质量评估，具有完整的监理资料，并提出工程质量评估报告，工程质量评估报告应经总监理工程师和监理单位有关负责人审核签字；

④勘察、设计单位对勘察、设计文件及施工过程中由设计单位签署的设计变更通知书进行了检查，并提出质量检查报告，质量检查报告应经该项目勘察、设计负责人和勘察、设计单位有关负责人审核签字；

⑤有完整的技术档案和施工管理资料；

⑥有工程使用的主要建筑材料、建筑构配件和设备的进场试验报告；

⑦建设单位已按合同约定支付工程款；

⑧有施工单位签署的工程质量保修书；

⑨城乡规划行政主管部门对工程是否符合规划设计要求进行了检查，并出具认可文件；

⑩有公安消防、环保等部门出具的认可文件或者准许使用文件；建设行政主管部门及其委托的工程质量监督机构等有关部门责令整改的问题全部整改完毕。

3. 工程竣工验收条件

（1）单位工程竣工验收条件

1）房屋建筑工程竣工验收条件

①交付竣工验收的工程，均应按施工图设计规定全部施工完毕，经过承建单位预验和监理工程师初验，并已达到项目设计、施工和验收规范要求；

②建筑设备经过试验，并且均已达到项目设计和使用要求；

③建筑物室内外清洁，室外两米以内的现场已清理完毕，施工渣土已全部运出现场；

④项目全部竣工图纸和其他竣工技术资料均已齐备。

2）设备安装工程竣工验收条件

①属于建筑工程的设备基础、机座、支架、工作台和梯子等已全部施工完毕，并经检验达到项目设计和设备安装要求。

②必须安装的工艺设备、动力设备和仪表，已按项目设计和技术说明书要求安装完毕；经检验其质量符合施工及验收规范要求，并经试压、检测、单体或联动试车，全部符合质量要求，具备形成项目设计规定的生产能力。

③设备出厂合格证、技术性能和操作说明书，以及试车记录和其他竣工技术资料，均已齐全。

3）室外管线工程竣工验收条件

①室外管道安装和电气线路敷设工程，全部按项目设计要求，已施工完毕，并经检验达到项目设计、施工和验收规范要求；

②室外管道安装工程，已通过闭水试验、试压和检测，并且质量全部合格；

③室外电气线路敷设工程，已通过绝缘耐压材料检验，并已全部质量合格。

（2）单项工程竣工验收条件

1）工业单项工程竣工验收条件

①项目初步设计规定的工程，如建筑工程、设备安装工程、配套工程和附属工程，均已施工完毕，经过检验达到项目设计、施工和验收规范，以及设备技术说明书要求，并把形成项目设计规定的生产能力；

②经过单体试车、无负荷联动试车和有负荷联动试车合格；

③项目生产准备已基本完成。

2）民用单项工程竣工验收条件

①全部单位工程均已施工完毕，达到项目竣工验收标准，并能够交付使用；

②与项目配套的室外管线工程，已全部施工完毕，并达到竣工质量验收标准。

（3）建设项目竣工验收条件

1）工业建设项目竣工验收条件

①主要生产性工程和辅助公用设施，均按项目设计规定建成，并能够满足项目生产要求；

②主要工艺设备和动力设备，均已安装配套，经无负荷联动试车和有负荷联动试车合格，并已形成生产能力，可以产出项目设计文件规定的产品；

③职工宿舍、食堂、更衣室和浴室，以及其他生活福利设施，均能够适应项目投产初期需要；

④项目生产准备工作，已能够适应投产初期需要。

2）民用建设项目竣工验收条件

①项目各单位工程和单项工程，均已符合项目竣工验收条件；

②项目配套工程和附属工程，均已施工完毕，已达到设计规定的相应质量要求，并具备正常使用条件。项目施工完毕后，必须及时进行项目竣工验收。国家规定“对已具备竣工验收条件的项目，三个月内不办理验收投产和移交固定资产手续者，将取消业主和主管部门的基建试车收入分成，并由银行监督全部上交国家财政；如在三个月内办理竣工验收确有困难，经验收主管部门批准，可以适当延长验收期限”。

（二）工程竣工验收程序

根据《房屋建筑工程和市政基础设施工程竣工验收暂行规定》，工程竣工验收应当按以下程序进行：

1. 工程完工后，施工单位向建设单位提交工程竣工报告，申请工程竣工验收。实行监理的工程，工程竣工报告须经总监理工程师签署意见。

2. 建设单位收到工程竣工报告后，对符合竣工验收要求的工程，组织勘察、设计、施工、监理等单位和其他有关方面的专家组成验收组，制定验收方案。

3. 建设单位应当在工程竣工验收 7 个工作日前将验收的时间、地点及验收组名单书面通知负责监督该工程的工程质量监督机构。

4. 建设单位组织工程竣工验收。

5. 建设、勘察、设计、施工、监理单位分别汇报工程合同履约情况在工程建设各个环节执行法律、法规和工程建设强制性标准的情况。

6. 审阅建设、勘察、设计、施工、监理单位的工程档案资料。

7. 实地查验工程质量。

8. 对工程勘察、设计、施工、设备安装质量和各管理环节等方面做出评价，形成经验收组人员签署的工程竣工验收意见。参与工程竣工验收的建设、勘察、设计、施工、监理等各方不能形成一致意见时，应当协商提出解决的方法，待意见一致后，重新组织工程竣工验收。

（三）工程竣工验收的步骤及验收报告

1. 工程竣工验收的步骤

（1）成立项目竣工验收小组：当项目具备正式竣工验收条件时，就应尽快建立项目竣工验收领导小组；该小组可分为省、市或地方建设主管部门等不同级别，具体级别由项目规模和重要程度确定。

（2）项目现场检查：参加工程项目竣工验收各方，对竣工项目实体进行目测检查，并逐项检查项目竣工资料，看其所列内容是否齐备和完整。

（3）项目现场验收会议：现场验收会议的议程通常包括：承建单位代表介绍项目施工、自检和竣工预验状况，并展示全部项目竣工图纸、各项原始资料和记录；项目监理工程师通报施工项目监理工作状况，发表项目竣工验收意见；建设单位提出竣工项目目测发现问题，并向承建单位提出限期处理意见；经暂时休会，由工程质监部门会同建设单位和监理工程师，讨论工程正式验收是否合格；然后复会，最后由项目竣工验收小组宣布竣工验收结果，并由工程质量监督部门宣布竣工项目质量等级。

（4）办理竣工验收签证书：在项目竣工验收时，必须填写项目竣工验收签证书。

2. 竣工验收报告

工程竣工验收合格后，建设单位应当及时提出工程竣工验收报告。工程竣工验收报告主要包括工程概况，建设单位执行基本建设程序情况，对工程勘察、设计、施工、监理等方面的评价，工程竣工验收时间、程序、内容和组织形式，工程竣工验收意见等内容。工程竣工验收报告还应附有下列文件：

（1）施工许可证；

（2）施工图设计文件审查意见；

（3）本节第三部分竣工验收条件中规定的有关文件；

（4）验收组人员签署的工程竣工验收意见；

（5）市政基础设施工程应附有质量检测和功能性试验资料；

（6）施工单位签署的工程质量保修书；

（7）法规、规章规定的其他有关文件。

第七章　施工项目职业健康安全管理

第一节　施工项目职业健康安全管理概述

一、施工项目职业健康安全管理的意义

施工项目职业健康安全管理指对工程项目施工过程的职业健康安全工作进行计划、组织、指挥、控制、监督等一系列的管理活动。

1. 安全生产、安全施工对我国的经济发展和生产建设具有极其重要的意义，对国家的政治生活也具有极其重要的意义。早在1956年国务院发布三大规程（《工厂安全卫生规程》《建筑安装工程安全技术规程》《工厂职工伤亡事故报告规程》）的决议中，一开始就指出：“保护劳动者在生产中的安全和健康，是我国的一项重要政策。”1963年国务院在发布关于加强企业生产中安全工作的五项规定的通知中指出：“做好安全管理工作，确保安全生产，不仅是企业开展正常生产活动所必需的，而且也是一项重要的政治任务。”1978年中共中央关于认真做好劳动保护工作的通知中指出:“加强劳动保护工作,搞好安全生产、保护职工的安全和健康,是我们党的一贯方针,是社会主义企业管理的一项基本原则。”1993年国务院在关于加强安全生产工作的通知中曾指出：“几年来，生产安全事故的频繁发生，特别是重大和特大恶性事故的发生，给国家和人民群众的生命财产造成巨大损失，影响了我国改革开放和经济建设的健康发展。”党中央和国务院对安全生产、安全施工如此重视，可见安全生产和安全施工对我国的经济发展和政治影响的重要性。

2. 安全施工是对施工单位施工活动全过程的始终要求。实现安全生产，施工单位必须在管理工作中，从行政领导、组织机构、技术业务、宣传教育、规章制度各方面，采取有效措施，改善劳动条件，消除各种事故隐患，防止事故发生，创建一个安全、舒适的优良作业环境，从而保证施工单位按时、按设计、规范、标准等要求完成施工任务。

3. 建筑施工的产品固定、人员流动大，且露天、高空作业多，施工环境和作业条件差、不安全因素随着施工的进展不断变化、规律性差、隐患多，属于事故多发行业。强化建筑安全生产管理，保证建筑工程的安全性能，对保障人民的生命财产安全，具有重要的意义。

二、职业健康安全管理方针

在《建筑法》中规定了建筑工程安全生产（施工）管理必须坚持“安全第一、预防为主”的方针。这一方针体现了国家对在建筑安全生产（施工）过程中“以人为本”，保护劳动者权利、保护社会生产力、保护建筑生产（施工）的高度重视。安全生产（施工）是保护社会生产力、发展社会主义经济的重要条件。

“安全第一”是指在解决企业管理中职业健康安全和其他工作的关系时，把确保职业健康安全放在首要位置，就是说：“生产必须安全。”安全第一是从保护和发展生产力的角度，表明在生产范围内安全与生产的关系，肯定安全在建筑生产活动中的首要位置和重要性。当生产和安全发生矛盾，危及职工生命和国家财产的时候，要停产治理，消除隐患，在保证职工安全的前提下组织领导生产。

“预防为主”是指在建筑生产活动中，针对建筑生产的特点，对生产要素采取管理措施，有效地控制不安全因素的发展与扩大，把可能发生的事故消灭在萌芽状态，以保证生产活动中人的安全与健康。即在职业健康安全管理工作中，把重点放在预防上，对可能发生的各类事故，在事先防范上下功夫。教育和依靠职工，严格贯彻执行国家关于安全生产方针、政策、法规及企业的各项安全管理、安全操作制度。以主要精力，防止各类事故，把事故化解在发生之前。要深刻意识到，任何重大事故造成的严重后果的影响和损失很难挽回。

三、职业健康安全管理的基本原则

1. 管生产必须管安全

安全蕴于生产之中，并对生产发挥促进与保证作用。安全和生产管理的目标及目的高度的一致和完全的统一。职业健康安全管理是生产管理的重要组成部分。一切与生产有关的机构、人员，都必须参与职业健康安全管理并承担安全责任。

2. 必须明确职业健康安全管理的目的性

职业健康安全管理的目的是对生产中的人、物、环境因素状态的管理，有效地控制人的不安全行为和物的不安全状态，才能消除或避免事故，达到保护劳动者的安全与健康的目的。

没有明确目的的职业健康安全管理是一种盲目行为，盲目的职业健康安全管理劳民伤财，危险因素依然存在。

3. 必须贯彻预防为主的方针

安全生产的方针是“安全第一、预防为主”。安全第一是从保护生产力的角度和高度，表明在生产范围内，安全与生产的关系，肯定安全在生产活动中的位置和重要性。要在生产活动中进行职业健康安全管理，有效地控制不安全因素，把可能发生的事故消灭在萌芽状态，以保证生产活动中人的安全和健康。

贯彻预防为主，要端正对生产中不安全因素的认识，端正消除不安全因素的态度，选准消除不安全因素的时机。在安排与布置生产内容的时候，针对施工生产中可能出现的危险因素，采取措施予以消除。在生产活动过程中，经常检查、及时发现不安全因素，采取措施，明确责任，尽快地、坚决地予以消除。

4. 坚持“四全”动态管理

职业健康安全管理不是少数人和安全机构的事，而是一切与生产有关的人共同的事。生产组织者在职业健康安全管理中的作用固然重要，全员性参与管理也十分重要。职业健康安全管理涉及生产活动的方方面面，涉及从开工到竣工交付的全部生产过程、全部生产时间和一切变化着的生产因素。因此，生产活动中必须坚持全员、全过程、全方位、全天候的动态职业健康安全管理。

5. 职业健康安全管理重在控制

对生产中人的不安全行为和物的不安全状态的控制，必须看作动态的职业健康安全管理的重点。事故的发生，是由于人的不安全行为运动轨迹与物的不安全状态运动轨迹交叉。对生产因素状态的控制，应该作为职业健康安全管理的重点。

6. 不断提高职业健康安全管理水平

生产活动是在不断发展与变化的，导致安全事故的因素也处在变化之中，因此，不仅要随生产的变化调整职业健康安全管理工作，还要不断提高职业健康安全管理水平，取得更好的效果。

四、建筑职业健康安全法律法规及管理制度

1. 建筑职业健康安全法律法规

（1）建筑职业健康安全法律法规体系的构成

按照“三级立法”原则及“安全第一、预防为主”的安全生产方针，近年来我国的建筑安全法律法规体系更趋于系统性、严密性，形成了较完善的法律法规体系。

（2）建筑职业健康安全法律法规体系的进一步完善

《建设工程安全生产管理条例》《安全生产许可证条例》和《国务院关于进一步加强安全生产工作的决定》等法规颁布实行后，建设部和各地区加快了制定修改配套规章制度和技术标准规范的步伐，建筑安全法律法规体系初步健全完善。

与此同时，有关部门也在抓紧对建筑安全有关技术标准体系的建设，已编制和已通过审查了《建筑模板工程安全技术规范》《建筑施工木脚手架安全技术规范》等标准共有9个，其中有2个国标，7个建设部行业标准。

为了更加适应建筑施工安全工作需要，明确建筑施工中各分部、分项工程、各部位和各环节的安全指标，从定性管理走向定量管理，实现安全生产的标准化管理、科学管理，

建设部决定在原有标准的基础上增加了《建筑施工深基坑工程安全技术规范》《建筑施工顶管工程安全技术规范》等15项建筑施工安全专业标准。

2. 建筑职业健康安全管理制度

根据国务院《关于加强企业生产中安全工作的几项规定》，施工企业在职业健康安全生产管理上应建立以下制度：

（1）建筑职业健康安全生产责任制度

企业各级领导人员在管理生产的同时，必须负责管理安全工作。企业各级领导应逐级建立职业健康安全生产责任制度。企业各职能部门，应在各自业务范围内，对安全生产负责。企业各单位应根据实际情况，建立劳动保护机构，并按照职工总数配备相应的专职人员（一般为2%~5%）。

（2）建筑职业健康安全技术措施计划制度

企业各单位在编制年度生产、技术、财务计划的同时，必须编制职业健康安全技术措施计划。职业健康安全技术措施计划的范围包括以改善劳动条件、防止伤亡事故、预防职业病和职业中毒为目的的各项技术组织措施。其所需的设备、材料应列入物资、技术、供应计划。其经费来源应按照国务院(1979)100号文件中的规定：每年在固定资产更新和技术改造资金中提取10%~20%，用于改善劳动条件，不得挪用。没有更新改造资金的单位应从事业费中解决。

（3）建筑职业健康安全生产教育制度

其主要内容包括：

1）新工人入厂三级安全教育（公司级、工程项目部级、班组级）；

2）调动工作岗位工人的上岗安全教育；

3）特殊工种安全技术教育（如架子、电气、起重、机械操作、司炉等工种的考核教育）；

4）经常性的职业健康安全生产活动教育等。

（4）建筑职业健康安全生产的定期检查制度

企业在施工生产中，为了及时发现事故隐患，堵塞事故漏洞，防患于未然，必须建立安全检查制度。按照中共中央、国务院有关规定的要求，安全检查工作，工程公司每季进行一次，项目工程部每月进行一次，班组每周进行一次。要以自查为主、互查为辅。以查思想、查制度、查纪律、查领导、查隐患为主要内容。要结合季节特点，开展防洪、防雷电、防坍塌、防高处坠落、防煤气中毒的“五防”检查。安全检查要贯彻领导与群众相结合的原则，做到边查、边改。

（5）伤亡事故的调查和处理制度

根据国务院颁发的《工人职员伤亡事故报告规程》，调查处理伤亡事故，要做到“三不放过”，即事故原因分析不清不放过、事故责任者和群众没受到教育不放过、没有防范措施不放过。对事故的责任者要严肃处理。根据（79）国劳总护字24号文件精神：对于那些玩忽职守、不顾工人死活、强迫工人违章冒险作业而造成伤亡事故的领导人，一定要给予纪律处分，严重的应该依法惩办。

五、职业健康安全管理的主要内容

各施工企业的职业健康安全管理的主要内容如下：

1. 按 GB/T2800 1—2011《职业健康安全管理体系要求》建立职业健康安全管理体系。

2. 根据国家有关职业健康安全管理方面的方针、政策、规程、制度、条例，结合本企业的施工情况制定职业健康安全管理的规章和安全操作规程。

3. 建立各级、各部门、各系统的职业健康安全生产责任制。经常对全体员工进行职业健康安全生产知识教育和技术培训，不断提高员工的职业健康安全的意识和技术。

4. 针对施工生产中识别的危险源制定和实施必要的控制措施，以防工伤事故及有损员工健康的各种职业病或中毒事件的发生。

第二节　职业健康安全技术措施计划

职业健康安全技术措施计划已经成为施工单位按计划改善劳动条件、搞好安全生产（施工）的一项行之有效的制度。

职业健康安全技术措施计划是对项目施工中不安全因素采用技术措施（手段）加以控制、消除安全事故隐患、防止工伤事故和职业病危害的指导性文件。

一、编制职业健康安全技术措施计划的步骤

编制职业健康安全技术措施计划应遵循以下步骤：

1. 工作分类

按照具体工程的特点以及技术应用难度等，对工程施工加以分类。

2. 识别危险源

危险源是可能导致人身伤害和（或）健康损害的根源、状态或行为或其组合。在施工过程中的危险源有物理性的、化学性的、生物性的和社会心理性的。如不平坦的场地、高处作业、高空物体坠落、手工搬运、火灾和爆炸、尘粒的吸入、受污染食品的摄取、昆虫的叮咬、工作量过度、缺乏沟通和交流等。

3. 确定风险、评价风险和风险的控制

确定风险就是确定危险源将会造成发生危险事件或有害暴露的可能性与由该事件或暴露可造成的人身伤害或健康损害的严重性的组合。

评价风险是指对危险源导致的风险进行评估；对风险是否可接受予以考虑；对现有的

控制措施是否充分，是否能防止危险事件或有害暴露的发生应加以确定；对现有的控制措施是否需要改进、是否要采取新的措施应加以明确。

二、职业健康安全技术措施计划的内容

1. 工程概况（非独立形式编制时可免去）。

2. 工程项目职业健康安全控制目标。

3. 控制程序。

4. 项目经理部职业健康安全管理组织机构及职责权限的分配。

5. 应遵循的规章制度。

6. 需配置的资源，如脚手架等安全设施。

7. 技术措施。应根据工程特点、施工方法、施工程序、职业健康安全的法规和标准的要求，采取可靠的技术措施，消除安全隐患，保证施工的安全。以下情况应制定安全技术措施：

（1）对结构复杂、施工难度大、专业性强的项目，必须制定项目总体及单位工程或分部、分项工程的安全技术措施。

（2）对高空作业、井下作业、水上作业、水下作业、爆破作业、脚手架上作业、有害有毒作业、特种机构作业等专业性强的施工作业，以及从事电气、压力容器、起重机、金属焊接、井下瓦斯检验、机动车和船舶驾驶等特殊工种的作业，应制定单项安全技术措施，并应对管理人员和操作人员的安全作业资格和身体状况进行合格审查。对达到一定规模的危险性较大的基坑支护及降水工程、土方开挖工程、模板工程、起重吊装工程、脚手架工程、拆除、爆破工程、国务院建设行政主管部门或者其他有关部门规定的其他危险性较大的工程，应编制专项施工方案，并附安全验算结果。

（3）对于防火、防毒、防爆、防洪、防尘、防雷击、防触电、防坍塌、防物体打击、防机械伤害、防溜车、防高空坠落、防交通事故、防寒、防暑、防疫、防环境污染等均应编制安全技术措施。

8. 检查评价，应确定安全技术措施执行情况及施工现场安全情况检查评定的要求和方法。

9. 奖惩制度。

三、编写职业健康安全技术措施计划的要求

1. 职业健康安全技术措施计划的部分内容可能已包括在施工组织设计、施工单位的其他文件或程序中，职业健康安全技术措施计划可直接全文引用，也可部分引用。对原有文件不能覆盖的，应视工程项目的具体情况，专门补充编制必要的作业指导书作为支持性

文件。

2. 职业健康安全技术措施计划内容要完整、措施要可行。

3. 各级职能部门和人员的职业健康安全职责、权限要明确、合理。

4. 职业健康安全技术措施计划要与施工技术方案等的有关专项控制手段和措施取得一致。

5. 职业健康安全技术措施计划应由项目经理主持编制，经有关部门批准后实施，由专职安全管理人员进行现场监督。

四、职业健康安全技术措施计划的实施

为了职业健康安全技术措施计划得到有效的实施，必须做好以下几项工作：

1. 建立安全生产责任制：安全生产责任制是指施工企业（单位）对项目经理部各级领导、各个部门、各类人员所规定的，在他们各自职责范围内对安全生产应负责任的制度。其内应充分体现责、权、利相对统一的原则。要把安全生产责任目标分解落实到人。

2. 必须建立分级安全教育制度，实施公司、项目经理部和作业队三级职业健康教育，未经安全生产教育的人员不得上岗作业。安全教育培训的主要方式如下：

（1）广泛开展安全生产的宣传教育，使全体员工真正认识到安全生产的重要性和必要性，懂得安全生产和文明施工的科学知识，牢固树立安全第一的思想，自觉地遵守各项安全生产法律法规和规章制度。

（2）把安全知识、安全技能、设备性能、操作规程、安全法规等作为安全教育培训的主要内容。

（3）建立经常性的安全教育培训考核制度，考核成绩要记入员工档案。

（4）电工、电焊工、架子工、司炉工、爆破工、机操工、起重工、机械司机、机动车辆司机等特殊工种工人，除一般安全教育外，还要经过专业安全技能培训，经考试合格持证后，方可独立操作。

（5）采用新技术、新工艺、新设备施工和调换工作岗位时，也要进行安全教育，未经安全教育培训的人员不得上岗操作。

3. 职业健康安全技术交底

（1）职业健康安全技术交底应符合下列规定

1）单位工程开工前，项目经理部的技术负责人必须向有关人员进行职业健康安全技术交底。

2）结构复杂的分部分项工程施工前，项目经理部的技术负责人应进行职业健康安全技术交底。

3）项目经理部应保存职业健康安全技术交底的记录。

（2）职业健康安全技术交底的基本要求

1）项目经理部必须实行逐级职业健康安全技术交底制度，纵向延伸到班组全体作业人员。

2）技术交底必须具体、明确、针对性强。

3）技术交底的内容应针对分部分项工程施工中给作业人员带来的潜在危险因素和存在的问题。

4）应优先采用新的职业健康安全技术措施。

5）应将工程概况、施工方法、施工程序、职业健康安全技术措施等向工长、班组长进行详细交底。

6）定期向由两个以上作业队和多工种进行交叉施工的作业队伍进行书面交底。

7）保持书面职业健康安全技术交底签字记录。

（3）职业健康安全技术交底的主要内容

1）本施工项目的施工作业特点和危险点；

2）针对危险点的具体预防措施；

3）应注意的安全事项；

4）相应的安全操作规程和标准；

5）发生事故后应及时采取的避难和急救措施。

第三节　职业健康安全检查

职业健康安全检查是指施工企业（单位）安全生产监察部门或项目经理部对企业贯彻国家职业健康安全法律法规情况、安全生产情况、劳动条件、事故隐患等所进行的检查。检查目的是验证安全技术措施计划的实施效果。

一、检查的类型

1. 定期检查

定期对项目进行安全检查、分析不安全行为和隐患存在的部位和危险程度。一般施工企业每年检查 1~4 次；项目经理部每月至少检查 1 次；班组每周、每班次都应进行检查。专职安全技术人员的日常检查应该有计划，针对重点部位周期性地进行检查。

2. 专业性检查

专业性检查是针对特种作业、特种设备、特种场所进行的检查，如电焊、气焊、起重设备、运输车辆、锅炉压力容器、易燃易爆场所等。

3. 季节性检查

季节性检查是指根据季节特点，为保障安全生产的特殊要求所进行的检查。如春季风大，要着重防火、防爆；夏季高温多雨有雷电，要着重防暑、降温、防汛、防雷击、防触电；冬季着重防寒、防冻等。

4. 节假日前后的检查

节假日前后的检查是针对节假日期间容易产生麻痹思想的特点而进行的安全检查，包括节日前进行安全生产综合检查，节日后要进行遵章守纪的检查等。

5. 不定期检查

不定期检查是指在工程或设备开工和停工前、检修中，工程或设备竣工及试运转时进行的安全检查。

二、职业健康安全检查的内容

职业健康安全检查的主要内容有以下几方面：

1. 查思想

查思想：主要检查企业的领导和职工对安全生产工作的认识。

2. 查管理

查管理：主要检查工程的安全生产管理是否有效。其主要内容包括：安全生产责任制，安全技术措施计划，安全组织机构，安全保证措施，安全技术交底，安全教育，持证上岗，安全设施，安全标识，操作规程，违规行为，安全记录等。

3. 查隐患

查隐患：主要检查作业现场是否符合安全生产、文明生产的要求。

4. 查整改

查整改：主要检查对过去提出问题的整改情况。

5. 查事故处理

查事故处理：对安全事故的处理应达到查明事故原因，明确责任并对责任者做出处理，明确和落实整改措施等要求。同时还应检查对伤亡事故是否做到了及时报告、认真调查、严肃处理。

职业健康安全检查的重点是违章指挥和违章作业。职业健康安全检查后应编制安全检查报告，说明已达标项目、未达标项目、存在的问题、原因分析以及纠正和预防措施。

三、对项目经理部的职业健康安全检查的规定

对项目经理部进行职业健康安全检查做出了如下规定：

1. 定期对安全控制计划的执行情况进行检查、记录、评价和考核。对作业中存在的不安全行为和隐患，签发安全整改通知，由相关部门制定整改方案，落实整改措施，实施整改后应予复查。

2. 根据施工过程的特点和安全目标的要求确定职业健康安全检查的内容。

3. 职业健康安全检查应配备必要的设备或器具，确定检查负责人和检查人员，并明确

检查的方法和要求。

4. 检查应采取随机抽样、现场观察和实地检测的方法，并记录检查结果，纠正违章指挥和违章作业。

5. 对检查结果进行分析，找出安全隐患，确定危险程度。

6. 编写职业健康安全检查报告并上报。

第四节　安全隐患和安全事故处理

一、安全隐患

安全隐患是在安全检查及数据分析时发现的，应利用安全隐患通知单通知责任人制定纠正和预防措施，限期改正，安全员跟踪验证。

1. 安全隐患的控制

（1）项目经理部应对存在隐患的安全设施、施工过程、人员行为进行控制，确保不合格设施不使用、不合格物资不放行、不合格过程不通过。安全设施完工后应进行检查验收。

（2）项目经理部应确定对安全隐患进行处理的人员，规定其职责和权限。

（3）安全隐患处理的方式有：

1）停止使用、封存存在安全隐患的设施。

2）指定专人进行整改，消除安全隐患，达到规定要求。

3）进行返工，以达到规定要求。

4）对有不安全行为的人进行教育或处罚。

5）对不安全的生产过程重新组织。

（4）验证

1）项目经理部安监部门在认为必要时对存在隐患的安全设施、安全防护用品整改效果进行验证。

2）对上级部门提出的重大安全隐患，应由项目部组织实施整改，由企业主管部门进行验证，并报上级检查部门备案。

2. 安全隐患处理规定

（1）项目经理部应区别不同类型职业健康安全的隐患，制定和完善相应的整改措施。

（2）项目经理部应对检查出的隐患立即发出安全隐患整改通知单。受检单位应对安全隐患原因进行分析，制定纠正和预防措施。纠正和预防措施应经检查单位负责人批准后实施。

（3）安全检查人员对检查出的违章指挥和违章作业行为向责任人当场指出，限期纠正。

（4）安全员对纠正和预防措施的实施过程和实施效果应进行跟踪检查，保存验证记录。

二、安全事故处理

1. 重大安全事故

重大安全事故，系指在施工过程中由于责任过失造成工程倒塌或废弃，机械设备破坏和安全设施失当造成人身伤亡或者重大经济损失的事故。重大事故分为四个等级：

（1）具备下列条件之一者为一级重大事故

1）死亡 30 人以上；

2）直接经济损失 300 万元以上。

（2）具备下列条件之一者为二级重大事故。

1）死亡 10 人以上，29 人以下；

2）直接经济损失 100 万元以上，不满 300 万元

（3）具备下列条件之一者为三级重大事故。

1）死亡 3 人以上，9 人以下；

2）重伤 20 人以上；

3）直接经济损失 30 万元以上，不满 100 万元

（4）具备下列条件之一者为四级重大事故。

1）死亡 2 人以下；

2）重伤 3 人以上，19 人以下；

3）直接经济损失 10 万元以上，不满 30 万元

2. 安全事故分类

安全事故分为两大类型，即职业伤害事故和职业病。

（1）职业伤害事故

职业伤害事故是指因生产过程及工作原因或与其相关的其他原因造成的伤亡事故。

1）按照事故发生的原因分类

根据我国《企业伤亡事故分类》（GB 6441—1986）标准规定，职业伤害事故分为 20 类。

①物体打击：指落物、滚石、锤击、碎裂、崩块、砸伤等造成的人身伤害，不包括因爆炸而引起的物体打击。

②车辆伤害：指被车辆挤、轧、撞和车辆倾覆等造成的人身伤害。

③机械伤害：指被机械设备或工具绞、碾、碰、戳等造成的人身伤害，不包括车辆起重设备引起的伤害。

④起重伤害：指从事各种起重作业时发生的机械伤害事故，不包括上下驾驶室时发生的坠落伤害，起重设备引起的触电及检修时制动失灵造成的伤害。

⑤触电：电流经过人体导致的生理伤害，包括雷击伤害。

⑥淹溺：水或液体大量从口、鼻进入肺内，导致呼吸道阻塞，发生急性缺氧而窒息死亡。

⑦灼烫：指火焰引起的烧伤、高温物体引起的烫伤、强酸或强碱引起的灼伤、放射线引起的皮肤损伤，不包括电烧伤及火灾事故引起的烧伤。

⑧火灾：在火灾时造成的人体烧伤、窒息中毒等。

⑨高处坠落：由于危险势能差引起的伤害，包括从架子、屋顶上坠落以及平地坠入坑内等。

⑩崩塌：指建筑物、堆置物倒塌以及土石塌方等引起的事故伤害。

⑪冒顶片帮：指矿井作业面、巷道侧壁由于支护不当、压力过大造成的崩塌（片帮）以及顶板垮落（冒顶）事故。

⑫透水：指在矿山、地下开采或其他坑道作业时，有压地下水意外大量涌入而造成的伤亡事故。

⑬放炮：指由于爆破作业引起的伤亡事故。

⑭火药爆炸：指在火药的生产、运输、储藏过程中发生的爆炸事故。

⑮瓦斯爆炸：指可燃气体、瓦斯、煤粉与空气混合，接触火源时引起的化学性爆炸事故。

⑯锅炉爆炸：指锅炉由于内部压力超出炉壁的承受能力而引起的物理性爆炸事故。

⑰容器爆炸：指压力容器内部压力超出容器壁所能承受的压力而引起的物理爆炸，或容器内部可燃气体泄漏并与周围空气混合遇火源而发生的化学爆炸。

⑱其他爆炸：化学爆炸、炉膛、钢水包爆炸等。

⑲中毒和窒息：指煤气、油气、沥青、化学、一氧化碳中毒等。

⑳其他伤害：包括扭伤、跌伤、冻伤、野兽咬伤等。

2）按照事故后果严重程度分类

①轻伤事故：造成职工肢体或某些器官功能性或器质性轻度损伤，表示为劳动能力轻度或暂时丧失的伤害，一般每个受伤人员休息 1 个工作日以上，105 个工作日以下。

②重伤事故：一般指受伤人员肢体残缺或视觉、听觉等器官受到严重损伤，能引起人体长期存在功能障碍或劳动能力有重大损失的伤害，或者造成每个受伤人员损失 105 个工作日以上的失能伤害。

③死亡事故：一次事故中死亡职工 1~2 人的事故。

④重大伤亡事故：一次事故中死亡 3 人以上（含 3 人）的事故。

⑤特大伤亡事故：一次事故中死亡 10 人以上（含 10 人）的事故。

⑥急性中毒事故：指生产毒物一次或短期内通过人的呼吸道、皮肤或消化道大量进入体内，使人体在短时间内发生病变，导致职工立即中断工作，并需进行急救或死亡的事故。急性中毒的特点是发病快，一般不超过一个工作日，有的毒物因毒性有一定的潜伏期，可在下班后数小时发病。

（2）职业病

经诊断因从事接触有毒有害物质或不良环境的工作而造成急慢性疾病，属职业病。2013 年 12 月 30 日国家卫生计生委公布了与人力资源社会保障部、安全监管总局、全国总工会共同印发的《职业病分类和目录》。修订后的《职业病分类和目录》将职业病调整为 132 种（含 4 项开放性条款），新增 18 种。

3. 安全事故的处理

（1）安全事故处理的原则（“四不放过”原则）

1）事故原因不清楚不放过；

2）事故责任者和员工没有受到教育不放过；

3）事故责任者没有处理不放过；

4）没有制定防范措施不放过。

（2）安全事故处理的程序

1）报告安全事故：安全事故发生后，受伤者或最先发现事故的人员应立即用最快的传递手段，将发生事故的时间、地点、伤亡人数、事故原因等情况，上报至企业安全主管部门。企业安全主管部门视事故造成的伤亡人数或直接经济损失情况，按规定向政府主管部门报告。

2）事故处理：抢救伤员、排除险情，防止事故蔓延扩大，做好标识，保护好现场。

3）事故调查：项目经理应指定技术、安全、质量等部门的人员，会同企业工会代表组成调查组，展开调查。

4）对事故责任者进行处理。

5）调查报告：调查组应把事故发生的经过、原因、性质、损失责任、处理意见、纠正和预防措施撰写成调查报告，并经调查组全体人员签字确认后报企业安全主管部门。

（3）安全事故统计规定

1）企业职工伤亡事故统计实行以地区考核为主的制度。各级隶属关系的企业和企业主管单位要按当地安全生产行政主管部门规定的时间报送报表。

2）安全生产行政主管部门对各部门的企业职工伤亡事故情况实行分级考核。企业报送主管部门的数字要与报送当地安全生产行政主管部门的数字一致，各级主管部门应如实向同级安全生产行政主管部门报送。

3）省级安全生产行政主管部门和国务院各有关部门及计划单列的企业集团的职工伤亡事故统计月报表、年报表应按时报到国家安全生产行政主管部门。

（4）死亡事故处理规定

1）事故调查组提出的事故处理意见和防范措施建议，由发生事故的企业及其主管部门负责处理。

2）因忽视安全生产、违章指挥、违章作业、玩忽职守或者发现事故隐患、危害情况而不采取有效措施而造成伤亡事故的，由企业主管部门或者企业按照国家有关规定，对企业负责人和直接负责人员给予行政处分；构成犯罪的，由司法机关依法追究刑事责任。

3）在伤亡事故发生后隐瞒不报、谎报、故意迟延不报、故意破坏事故现场，或者以不正当理由，拒绝接受调查以及拒绝提供有关情况和资料的，由有关部门按照国家有关规定，对有关单位负责人和直接负责人员给予行政处分；构成犯罪的，由司法机关依法追究刑事责任。

4）伤亡事故处理工作应当在90日内结案，特殊情况不得超过180日。伤亡事故处理结案后，应当公开宣布处理结果。

（5）工伤认定

1）职工有下列情形之一的，应当认定为工伤

①在工作时间和工作场所内，因工作原因受到事故伤害的；

②工作时间前后在工作场所内，从事与工作有关的预备性或者收尾性工作受到事故伤害的；

③在工作时间和工作场所内，因履行工作职责受到暴力等意外伤害的；

④患职业病的；

⑤因公外出期间，由于工作原因受到伤害或者发生事故下落不明的；

⑥在上下班途中，受到机动车事故伤害的；

⑦法律、行政法规规定应当认定工伤的其他情形。

2）职工有下列情形之一的，视同工伤

①在工作时间和工作岗位，突发疾病死亡或者在48小时内经抢救无效死亡的；

②在抢险救灾等维护国家利益、公共利益活动中受到伤害的；

③职工原在军队服役，因战争、因公负伤残疾，已取得革命残疾军人证，到用人单位后旧伤复发的。

3）职工有下列情形之一的，不得认定为工伤或者视同工伤

①因犯罪或者违反治安管理条例伤亡的；

②醉酒导致死亡的；

③自残或者自杀的。

（6）职业病的处理

1）职业病报告的要求

①地方各级卫生行政部门指定相应的职业病防治机构或卫生机构负责职业病统计和报告工作。职业病报告实行以地方为主、逐级上报的办法。

②一切企事业单位发生的职业病，都应按规定要求向当地卫生监督机构报告，由卫生监督机构统一汇总上报。

2）职业病处理的要求

①职工被确诊患有职业病后，其所在单位应根据职业病诊断机构的意见，安排其医疗或疗养。

②在医治或疗养后被确认不宜继续从事原有害作业或工作的，应自确认之日起的两个月内将其调离原工作岗位，另行安排工作；对于因工作需要暂不能调离的生产、工作的技术骨干，调离期限最长不得超过半年。

③患有职业病的职工变动工作单位时，其职业病待遇应由原单位负责或两个单位协调处理，双方商妥后方可办理调转手续。并将其健康档案、职业病诊断证明及职业病处理情况等材料全部移交新单位。调出、调入单位都应将情况报告所在地的劳动卫生职业病预防机构备案。

④职工到新单位后，新发生的职业病不论与现工作有无关系，其职业病待遇由新单位负责。劳动合同制工人，临时工终止或解除劳动合同后，在待业期间新发现的职业病，与上一个劳动合同期工作有关时，其职业病待遇由原终止或解除劳动合同的单位负责。如原单位已与其他单位合并，由合并后的单位负责；如原单位已撤销，应由原单位的上级主管机关负责。

三、建筑工程安全生产管理

（一）工程安全生产管理制度

《建设工程安全生产管理条例》依据《中华人民共和国建筑法》和《中华人民共和国安全生产法》的规定进一步明确了建筑工程安全生产管理的基本制度。

1. 安全生产责任制度

安全生产责任制度是建筑生产中最基本的安全管理制度，是所有安全规章制度的核心。安全生产责任制度是指将各种不同的安全责任落实到负责安全管理责任的人员和具体岗位人员身上的一种制度。这一制度是安全第一、预防为主方针的具体体现，是建筑安全生产的基本制度。

在建筑活动中，只有明确安全责任、分工负责，才能形成完整有效的安全管理体系，激发每个人的安全责任感，严格执行建筑工程安全的法律、法规和安全规程、技术规范，防患于未然，减少和杜绝建筑工程事故，为建筑工程的生产创造一个良好的环境。

安全责任制度的主要内容包括以下几点。

（1）从事建筑活动主体的负责人的责任制。建筑施工企业的法定代表人应对本企业的安全负主要的安全责任。

（2）从事建筑活动主体的职能机构或职能部门负责人及其工作人员的安全生产责任制。建筑企业根据需要，设置安全部门或者专职安全人员对工程安全负责。

（3）岗位人员的安全生产责任制。岗位人员必须对安全负责。从事特种作业的安全人员必须进行培训，经过考试合格后方能上岗作业。

2. 群防群治制度

群防群治制度是职工群众进行预防和治理安全的一种制度。这一制度也是“安全第一、预防为主”的具体体现，同时也是群众路线在安全工作中的具体体现，是企业进行民主管理的重要内容。这一制度要求建筑企业职工在施工中应当遵守有关生产的法律、法规和建筑行业安全规章、规程，不得违章作业；对危及生命安全和身体健康的行为有权提出批评、检举和控告。

3. 安全生产教育培训制度

安全生产教育培训制度是对广大建筑干部职工进行安全教育培训，增强安全意识，增加安全知识和技能的制度。安全生产，人人有责。只有对广大职工进行安全教育、培训，才能使广大职工真正认识到安全生产的重要性、必要性，才能使广大职工掌握更多更有效的安全生产的科学技术知识，牢固树立“安全第一”的思想，自觉遵守各项安全生产和规章制度。分析许多建筑安全事故，一个重要的原因就是有关人员安全意识不强，安全技能不够，这些都是没有搞好安全教育培训工作的后果。

4. 安全生产检查制度

安全生产检查制度是上级管理部门或企业自身对安全生产状况进行定期或不定期检查的制度。通过检查可以发现问题，查出隐患，从而采取有效措施，堵塞漏洞，把事故消灭在发生之前，做到防患于未然，是“预防为主”的具体体现。通过检查，还可总结出好的经验，为进一步搞好安全工作打下基础。安全检查制度是安全生产的保障。

5. 伤亡事故处理报告制度

施工中发生事故时，建设企业应当采取紧急措施以减少人员伤亡和事故损失，并按照国家有关规定及时向有关部门报告。事故处理必须遵循一定的程序，按照“事故原因不查清不放过，事故责任者得不到处理不放过，整改措施不落实不放过，教训不吸取不放过”的“四不放过”原则，查明原因，严肃处理。通过对事故的严格处理，可以总结出教训，为制定规程规章提供第一手材料。

6. 安全责任追究制度

建设单位、设计单位、施工单位、监理单位，由于没有履行职责造成人员伤亡和事故损失的，视情节给予相应处理；情节严重的，责令停业整顿、降低资质等级或吊销资质证书；构成犯罪的，依法追究刑事责任。

7. 安全生产许可证制度

《中华人民共和国建筑法》明确了建设行政主管部门审核发放施工许可证时，对建筑工程是否有安全施工措施进行审查把关。《建筑施工企业安全生产许可证管理规定》明确了建设行政主管部门审核发放施工许可证时，应当对已经确定的建筑施工企业是否具有安全生产许可证进行审查把关。没有安全施工措施的，或没有取得建筑施工企业安全生产许可证的，不得颁发施工许可证。安全生产许可证的有效期为 3 年。

8. 施工企业资质管理制度

《中华人民共和国建筑法》明确了施工企业资质管理制度，《建设工程安全生产管理条例》进一步明确规定安全生产条件作为施工企业资质的必要条件，严抓安全生产准入关。

9. 特种作业人员持证上岗制度

垂直运输机械作业人员、起重机械安装拆卸工、爆破作业人员、起重信号工、登高架设作业人员等特种作业人员，必须按照国家有关规定经过专门的安全作业业务培训，并取得特种作业操作资格证书后，方可上岗作业。

10. 专项施工方案专家论证制度

施工单位应当在施工组织设计中编制安全技术措施和施工现场临时用电方案，对下列达到一定规模的危险性较大的分部分项工程编制专项施工方案，并附安全验算结果，经施工单位技术负责人、总监理工程师签字后实施，由专职安全生产管理人员进行现场监督，包括：基坑支护与降水工程；土方开挖工程；模板工程；起重吊装工程；脚手架工程；拆除、爆破工程；国务院建设行政主管部门或者其他有关部门规定的其他危险性较大的工程。

对所列工程中涉及深基坑、地下暗挖工程、高大模板工程的专项施工方案，施工单位还应当组织专家进行论证、审查。

11. "三同时"制度

生产经营单位新建、改建、扩建工程项目的安全设施，必须与主体工程同时设计、同时施工、同时投入生产和使用。安全设施投资应当纳入建设项目概算。

12. 危及施工安全的工艺、设备、材料的淘汰制度

国家对严重危及施工安全的工艺、设备、材料实行淘汰制度。具体要求由建设行政部门会同国务院其他有关部门制定并公布。

13. 意外伤害保险制度

《中华人民共和国建筑法》明确了意外伤害保险制度，《建设工程安全生产管理条例》进一步明确了意外伤害保险制度。意外伤害保险是法定的强制性保险，由施工单位作为投保人与保险公司订立保险合同，支付保险费，以本单位从事危险作业的人员作为被保险人，当被保险人在施工作业中发生意外伤害事故时，由保险公司依照合同约定向被保险人或者受益人支付保险金。该项保险是施工单位必须办理的，以维护施工现场从事危险作业人员的利益。

（二）危险源辨识与风险评价

1. 危险源

危险源是可能导致人身伤害、疾病、财产损失、工作环境破坏或这些情况组合的危险因素和有害因素。危险因素强调突发性和瞬间作用的因素，有害因素强调在一定时期内的慢性损害和累积损害。危险源是安全控制的主要对象，所以有人把安全控制也称为危险控制或安全风险控制。

在实际生活和生产过程中的危险源以多种多样的形式存在，危险源导致事故可归结为能量的意外释放或有害物质的泄漏。根据危险源在事故发生发展中的作用把危险源分为两大类，即第一类危险源和第二类危险源。

（1）第一类危险源

可能发生意外释放的能量的载体或危险物质称为第一类危险源（如“炸药”是能够产生能量的物质。“压力容器”是拥有能量的载体）。能量或危险物质的意外释放是事故发生的物理本质，通常把产生能量的能量源或拥有能量的能量载体作为第一类危险源来处理。

（2）第二类危险源

造成约束限制能量和危险物质措施失控的各种不安全因素称为第二类危险源（如“电缆绝缘层”“脚手架”“起重机钢绳”等）。在生产、生活中，为了利用能源，人们制造了各种机器设备，让能量按照人们的意图在系统中流动、转换和做功为人类服务，而这些设备设施又可看成是限制约束能量的工具。正常情况下，生产过程中的能量或危险物质受到约束或限制，不会发生意外释放，即不会发生事故。但是，一旦这些约束或限制能量或危险物质的措施受到破坏或失效（故障），则将发生事故。第二类危险源包括人的不安全行为、物的不安全状态和不良环境条件三个方面。

（3）危险源与事故

事故的发生是两类危险源共同作用的结果，第一类危险源是事故发生的前提，第二类危险源的出现是第一类危险源导致事故的必要条件。在事故的发生和发展过程中，两类危险源相互依存、相辅相成。第一类危险源是事故的主体，决定事故的严重程度；第二类危险源出现的难易，决定事故发生的可能性大小。

2. 危险源的辨识方法

危险源的辨识常用专家调查法。专家调查法是通过向有经验的专家咨询、调查、辨识、分析和评价危险源的一类方法，其优点是简便、易行，其缺点是受专家的知识、经验和占有资料的限制，可能出现遗漏。常用的有头脑风暴法和德尔菲法。

（1）头脑风暴法是通过创造性的思考，从而产生大量的观点、问题和议题的方法。其特点是多人讨论、集思广益，可以弥补个人判断的不足，常采取专家会议的方式来相互启发、交换意见，使危险、危害因素的辨识更加细致和具体。头脑风暴法常用于目标比较单纯的议题，如果涉及面较广，包含因素较多的议题，可以分解目标，再对单一目标或简单目标使用本方法。

（2）德尔菲法是采用背对背的方式对专家进行调查，其特点是避免了集体讨论中的从众性倾向，更代表专家的真实意见。德尔菲法要求对调查的各种意见进行汇总统计处理再反馈给专家反复征求意见。

3. 危险源的控制方法

（1）第一类危险源的控制方法

1）防止事故发生的方法：消除危险源、限制能量或危险物质、隔离危险源。

2）避免或减少事故损失的方法：隔离危险源、个体防护、设置薄弱环节、使能量或危险物质按人们的意图释放、避难与援救措施。

（2）第二类危险源的控制方法

1）减少故障，增加安全系数、提高可靠性、设置安全监控系统。

2）故障安全设计，包括故障消极方案（故障发生后，设备、系统处于最低能量状态，直到采取校正措施之前都不能运转）、故障积极方案（故障发生后，在没有采取校正措施之前使系统、设备处于安全的能量状态之下）和故障正常方案（保证在采取校正行动之前，设备、系统正常发挥功能）。

4. 危险源控制的策划原则

（1）尽可能完全消除不可接受风险的危险源，如用安全品取代危险品。

（2）如果是不可能消除，而且有重大风险的危险源，应努力采取降低风险的措施，如使用低压电器等。

（3）在条件允许时，应使工作适合于人，如考虑降低人的精神压力和体能消耗。

（4）应尽可能利用技术进步来改善安全控制措施。

（5）应考虑保护每个工作人员的措施。

（6）将技术管理与程序控制结合起来。

（7）应考虑引入诸如机械安全防护装置的维护计划的要求。

（8）在各种措施还不能绝对保证安全的情况下，作为最终手段，还应考虑使用个人防护用品。

（9）应有可行、有效的应急方案。

（10）查看预防性测定指标是否符合监视控制措施计划的要求。

（三）施工安全技术措施

1. 安全控制

安全控制是生产过程中涉及的计划、组织、监控、调节和改进等一系列致力于满足生产安全所进行的管理活动。

2. 安全控制的目标

安全控制的目标是减少和消除生产过程中的事故，保证人员健康安全和财产免受损失。安全控制具体应包括以下几点。

（1）减少或消除人的不安全行为。

（2）减少或消除设备、材料的不安全状态。

（3）改善生产环境和保护自然环境。

3. 施工安全控制的特点

建筑工程施工安全控制的特点主要有以下几个方面。

（1）控制面广

由于建筑工程规模较大，生产工艺复杂、工序多，在建造过程中流动作业多，高处作业多，作业位置多变，遇到的不确定因素多，所以安全控制工作涉及范围大、控制面广。

（2）控制的动态性

1）建筑工程项目的单件性，使得每项工程所处的条件不同，所以面临的危险因素和防范措施也会有所改变。员工在转移工地后，熟悉一个新的工作环境需要一定的时间，有些工作制度和安全技术措施也会有所调整，这时员工同样有一个熟悉的过程。

2）建筑工程项目施工的分散性。因为现场施工是分散于施工现场的各个部位，尽管有各种规章制度和安全技术交底的环节，但是面对具体的生产环境时，仍然需要自己的判断和处理，有经验的人员还必须适应不断变化的情况。

3）控制系统的交叉性

建筑工程项目是开放系统，受自然环境和社会环境的影响大，同时也会对社会和环境造成影响，这时安全控制需要将工程系统、环境系统及社会系统结合起来。

4）控制的严谨性

由于建筑工程施工的危害因素复杂、风险程度高、伤亡事故多，所以预防控制措施必须严谨，如有疏漏就可能发展到失控的程度而酿成事故，造成损失和伤害。

4. 施工安全的控制程序

（1）确定每项具体建设工程项目的安全目标

按目标管理的方法在以项目经理为首的项目管理系统内进行分解，从而确定每个岗位的安全目标，实现全员安全控制。

（2）编制建设工程项目安全技术措施计划

工程项目安全技术措施计划是对生产过程中的不安全因素，用技术手段进行消除和控制的文件，是落实“预防为主”方针的具体体现，是进行工程项目安全控制的指导性文件。

（3）安全技术措施计划的落实和实施

安全技术措施计划的落实和实施包括：建立健全的安全生产责任制；设置安全生产设施；采用安全技术和应急措施；进行安全教育和培训、安全检查、事故处理、沟通和交流信息。并通过一系列安全措施的贯彻，使生产作业的安全状况处于受控状态。

（4）安全技术措施计划的验证

安全技术措施计划的验证是通过施工过程中对安全技术措施计划的实施情况的安全检查，纠正不符合安全技术措施计划的情况，保证安全技术措施的贯彻和实施。

持续改进根据安全技术措施计划的验证结果，对不适宜的安全技术措施计划进行修改、补充和完善。

5. 施工安全技术措施的一般要求

（1）施工安全技术措施必须在工程开工前制定。施工安全技术措施是施工组织设计的重要组成部分，应在工程开工前与施工组织设计一同编制。为保证各项安全设施的落实，在工程图纸会审时，就应特别注意安全施工的问题，并在开工前制定好安全技术措施，使得用于该工程的各种安全设施有较充分的时间进行采购、制作和维护等准备工作。

（2）施工安全技术措施要有全面性。按照有关法律法规的要求，在编制工程施工组织设计时，应当根据工程特点制定相应的施工安全技术措施。对于大中型工程项目和结构复杂的重点工程，除必须在施工组织设计中编制施工安全技术措施外，还应编制专项工程施工安全技术措施，详细说明有关安全方面的防护要求和措施，确保单位工程或分部分项工程的施工安全。对于爆破、拆除起重吊装、水下、基坑支护和降水、土方开挖、脚手架、模板等危险性较大的作业，必须编制专项安全施工技术方案。

（3）施工安全技术措施要有针对性。建筑工程施工安全技术措施是针对每项工程的特点制定的，编制安全技术措施的技术人员必须掌握工程概况、施工方法、施工环境、条件等第一手资料，并熟悉安全法规、标准等，才能制定有针对性的安全技术措施。

（4）施工安全技术措施应力求全面、具体、可靠。施工安全技术措施应把可能出现的各种不安全因素考虑周全，制定的对策措施方案应力求全面、具体、可靠，这样才能真正做到预防事故的发生。但是，全面不等于罗列一般的操作工艺、施工方法以及日常安全制度、安全纪律等。

（5）施工安全技术措施必须包括应急预案。施工安全技术措施是在相应的工程施工实施之前制定的，所涉及的施工条件和危险情况大都建立在可预测的基础上，而建筑工程施工是开放的过程，在施工期间变化是经常发生的，还可能出现预测不到的突发事件或灾害（如地震、火灾、台风、洪水等）。因此，施工安全技术措施计划必须包括面对突发事件或紧急状态的各种应急设施、人员逃生和救援预案，以便在紧急情况下，能及时启动应急预案，减少损失，保护人员安全。

（6）施工安全技术措施应有可行性和可操作性。施工安全技术措施应能够在每个施工工序之中得到实施，既要保证施工安全要求，又要考虑现场环境条件和施工技术条件能够做得到。

6. 施工安全技术措施的主要内容

建筑工程大致分为两种：一是结构共性较多的一般工程；二是结构比较复杂、施工特点较多的特殊工程。有人认为在安全技术措施中摘录几条标准就可以了，这是不行的。因为，即使是同类结构的工程，由于施工条件、环境等的不同，二者既有共性，也有不同之处，并且这些不同之处，在共性措施中无法得到解决。因此，应根据工程施工特点，将不同的危险因素，按照有关规程的规定，结合以往的施工经验与教训，参照以下内容编制安全技术措施。

（1）一般工程安全技术措施

1）土方工程。根据基坑、基槽、地下室等土方开挖深度和土的种类，选择开挖方法，确定边坡的坡度或采取哪种基坑支护措施，以防止塌方。

2）脚手架、吊篮、工具式脚手架等的选用及设计搭设方案和安全防护措施。

3）高处作业的上、下安全通道及防护措施。

4）安全网（平网、立网）的架设要求：范围（保护区域）、架设层次、段落。

5）对施工用的电梯、井架（龙门架）等垂直运输设备位置搭设的要求，稳定性、安全装置等的要求和措施。

6）施工洞口及临边的防护方法和立体交叉施工作业区的隔离措施。

7）场内运输道路及人行通道的布置。

8）编制施工临时用电的组织设计和绘制临时用电图纸。在建筑工程（包括脚手架具）的外侧边缘与外电架空线路的间距没有达到最小安全距离时，应采取的防护措施。

9）中小型机具的使用安全。

10）模板的安装和拆除安全。

（2）特殊工程安全技术措施

对于结构复杂、危险性大的特殊工程，应编制单项的安全措施。例如，爆破、大型吊装、沉箱、沉井、烟囱、水塔、大跨度结构、高支撑模板体系、各种特殊架设作业、高层脚手架、井架和拆除工程等，必须编制单项的安全技术措施，并要有设计依据计算书、详图、文字要求等。

（3）季节性施工安全措施

季节性施工安全措施，就是考虑不同季节的气候对施工生产带来的不安全因素，可能造成的各种突发性事故，而从防护上、技术上、管理上采取的措施。一般建筑工程可在施工组织设计或施工方案的安全技术措施中，编制季节性施工安全措施；危险性大、高温作业多的建筑工程，应单独编制季节性的施工安全措施。季节性主要指夏季、雨季和冬季。各季节性施工安全的主要内容为以下几点。

1）夏季施工安全措施。夏季气候炎热，高温持续时间较长，主要是做好防暑降温工作。

2）雨季施工安全措施。雨季进行作业，主要做好防触电、防雷击、防坍塌和防台风等工作。

3）冬季施工安全措施。冬季进行作业，主要应做好防风、防火、防滑、防煤气中毒、防亚硝酸钠中毒等工作。

7. 安全技术交底

（1）安全技术交底的内容

1）本工程项目的施工作业特点和危险点。

2）针对危险点的具体预防措施。

3）应注意的安全事项。

4）相应的安全操作规程和标准。

5）发生事故后应及时采取的避难和急救措施。

（2）安全技术交底的要求

1）项目经理部必须实行逐级安全技术交底制度，纵向延伸到班组全体作业人员。

2）技术交底必须具体明确、针对性强。

3）技术交底的内容应针对分部分项工程施工中给作业人员带来的潜在危险因素和存在问题。

4）应优先采用新的安全技术措施。

5）对于涉及“四新”项目或技术含量高、技术难度大的单项技术设计，必须经过两个阶段技术交底，即初步设计技术交底和实施性施工图技术设计交底。

6）应将工程概况、施工方法、施工程序、安全技术措施等向工长、班组长进行详细交底。

7）定期向由两个以上作业队和多工种进行交叉施工的作业队伍进行书面交底。

8）保持书面安全技术交底签字记录。

（3）安全技术交底的作用

1）让一线作业人员了解和掌握该作业项目的安全技术操作规程和注意事项，减少因违章操作而导致事故的可能。

2）安全技术交底是安全管理人员在项目安全管理工作中的重要环节。

3）安全技术交底是安全管理的内容要求，做好安全技术交底也是安全管理人员自我保护的手段。

（四）安全检查

工程项目安全检查是消除隐患、防止事故、改善劳动条件及增强员工安全生产意识的重要手段，是安全控制工作的一项重要内容。通过安全检查可以发现工程中的危险因素，以便有计划地采取措施，保证安全生产。工程项目的安全检查应由项目经理组织，并且定期进行安全检查。

1. 安全检查的类型

安全检查可分为全面安全检查、日常性检查、专业或专职安全管理人员的专业安全检查、季节性安全检查、节假日前后的检查和要害部门的重点安全检查。

（1）全面安全检查。全面安全检查应包括职业健康安全管理方针、管理组织机构及其安全管理的职责、安全设施、操作环境、防护用品、卫生条件、运输管理、火灾预防、安全教育和安全检查制度等内容。对全面安全检查的结果必须进行汇总分析，详细探讨所出现的问题及相应对策。

（2）日常性检查。日常性检查即经常的、普遍的检查。企业一般每年进行 1~4 次日常性检查；工程项目组、车间、科室每月至少进行 1 次日常性检查；班组每周、每班次都应进行日常性检查。专职安全技术人员的日常检查应该有计划，并且针对重点部位周期性地进行。

（3）专业或专职安全管理人员的专业安全检查。由于操作人员在进行设备的检查时，往往是根据自身的安全知识和经验进行主观判断，因而有很大的局限性，不能反映客观情况，流于形式。而专业或专职安全管理人员则有较丰富的安全知识和经验，通过其认真检查就能够得到较为理想的效果。专业或专职安全管理人员在进行安全检查时，必须不徇私情、按章检查，发现违章操作情况应立即纠正，发现隐患应及时指出，并提出相应的防护措施，及时上报检查结果。

（4）季节性检查。季节性检查是指根据季节特点，为保障安全生产的特殊要求所进行的检查。例如：春季风大，要着重防火、防爆；夏季高温多雨雷电，要着重防暑、降温、防汛、防雷击、防触电；冬季着重防寒、防冻等。

（5）节假日前后的检查。节假日前后的检查是针对节假日期间容易产生麻痹思想的特点而进行的安全检查，包括节日前进行安全生产综合检查、节后进行遵章守纪的检查等。

（6）要害部门重点检查。对企业要害部门和重要设备必须进行重点检查。由于其重要性和特殊性，所以一旦发生意外，会造成大的伤害，给企业的经济效益和社会效益带来不良的影响。为了确保安全，对设备的运转和零件的状况应定时进行检查，发现损伤立刻更换，绝不能“带病”作业。一到有效年限即使没有故障，也应该予以更新，不能因小失大。

2. 安全检查的注意事项

（1）安全检查要深入基层，坚持领导与群众相结合的原则，组织好检查工作。

（2）建立检查的组织领导机构，配备适当的检查力量，挑选具有较高技术业务水平的专业人员参加。

（3）做好检查的各项准备工作，包括思想、业务知识、法规政策和检查设备、奖金的准备。

（4）明确检查的目的和要求。既要严格要求，又要防止一刀切，要从实际出发，分清主次矛盾，力求实效。

（5）把自查与互查有机结合起来，基层以自检为主，企业内相应部门应互相检查、取长补短，相互学习和借鉴。

（6）坚持查改结合。检查不是目的，只是一种手段，整改才是最终目的。发现问题，应及时采取切实有效的防范措施。

（7）建立检查档案。结合安全检查表的实施，逐步建立健全检查档案，收集基本的数据，掌握基本安全状况，为及时消除隐患提供数据，同时也为以后的职业健康安全检查奠定基础。

（8）在制订安全检查表时，应根据用途和目的具体确定安全检查表的种类。安全检查表的主要种类有设计安全检查表、厂级安全检查表、车间安全检查表、班组及岗位安全检查表、专业安全检查表等。制订安全检查表要在安全技术部门的指导下，充分依靠职工来进行。初步制订出来的安全检查表，应经过群众的讨论，反复试行，再进行修订，最后由安全技术部门审定后方可正式实行。

3. 安全检查的主要内容

（1）查思想。查思想主要检查企业的领导和职工对安全生产工作的认识。

（2）查管理。查管理主要检查工程的安全生产管理是否有效。其主要内容包括：安全生产责任制，安全技术措施计划，安全组织机构，安全保证措施，安全技术交底，安全教育，持证上岗，安全设施，安全标识，操作规程，违规行为，安全记录等。

（3）查隐患。查隐患主要检查作业现场是否符合安全生产、文明生产的要求。

（4）查整改。查整改主要检查对过去提出问题的整改情况。

（5）查事故处理。对安全事故的处理应达到查明事故原因、明确责任并对责任者做出处理、明确和落实整改措施等要求。同时还应检查对伤亡事故是否及时报告、认真调查、严肃处理。安全检查的重点是违章指挥和违章作业。安全检查后应编制安全检查报告，说明已达标项目、未达标项目、存在的问题、原因分析、纠正和预防措施等的情况。

4. 项目经理部安全检查的主要规定

（1）项目经理应组织项目经理部定期对安全控制计划的执行情况进行检查、考核和评价。对施工中存在的不安全行为和隐患，作业中存在的不安全行为和隐患，签发安全整改通知，项目经理部应分析原因并制定落实相应整改防范措施，实施整改后应予复查。

（2）项目经理部应根据施工过程的特点和安全目标的要求，确定安全检查的内容。

（3）项目经理部安全检查应配备必要的设备或器具，确定检查负责人和检查人员，并明确检查内容及要求。

（4）项目经理部安全检查应采取随机抽样、现场观察、实地检测相结合的方法，记录检测结果。对现场管理人员的违章指挥和操作人员的违章作业行为应进行纠正。

（5）安全检查人员应对检查结果进行分析，找出安全隐患部位，确定危险程度。

（6）项目经理部应编写安全检查报告并上报。

（五）工程安全隐患

安全与不安全是相对的概念。从事施工生产活动，随时随地都会遇到、接触、克服多方面的危险因素。一旦对危险因素失控，必将导致事故。探究事故成因，人、物和环境因素的作用，是事故的根本原因。从人和管理两方面来探讨，人的不安全行为和物的不安全状态，都是构成安全隐患的直接原因。

1. 人的不安全行为与人的失误

不安全行为是人表现出来的，与人的心理特征相违背的非正常行为。人在生产活动中，曾引起或可能引起事故的行为，必然是不安全行为。人的自身因素是人的行为内因。环境因素是人的行为外因，影响人的行为的条件，甚至产生重大影响。人的失误指人的行为结果偏离了规定的目标或超出可接受的界限，并产生了不良影响的行为。在生产作业中，往往人的失误是不可避免的副产物。

（1）人的失误具有与人的能力的可比性

工作环境可诱发人的失误，由于人的失误是不可避免的，因此，在生产中凭直觉、靠侥幸，是不能长期成功维持安全生产的。当编制操作程序和操作方法时，侧重考虑生产和产品条件，忽视人的能力与水平，有促使发生人的失误的可能。

（2）人的失误的类型

人的失误的类型有以下几种。

1）随机失误。由人的行为、动作的随机性质引起的人的失误，属于随机失误。其与人的心理、生理原因有关。随机失误往往是不可预测，也是不重复出现的。

2）系统失误。由系统设计不足或人的不正常状态引发的人的失误属于系统失误。系统失误与工作条件有关，类似的条件可能引发失误再次出现或重复发生。

（3）人的失误的表现

一般人的失误的表现是在出现失误结果以后，因此是很难预测的。比如遗漏或遗忘现象，把事弄颠倒，没按要求或规定的时间操作，无意识的动作、调整错误，进行规定外的动作等。

（4）人的信息处理过程失误

可以认为，人的失误现象是人对外界信息刺激反应的失误，与人自身的信息处理过程与质量有关，与人的心理紧张程度有关。人在进行信息处理时，必然会出现失误，这是客观的倾向。信息处理失误的倾向，就可能导致人的失误。在工艺、操作、设备等进行设计时，采取一些预防失误倾向的措施，对克服失误倾向是极为有利的。

（5）心理紧张与人的失误的关联

人的大脑意识水平降低，将直接引起信息处理能力的降低，从而影响人对事物注意力的集中，降低警觉程度。意识水平的降低是发生人的失误的内在原因。经常进行教育、训练，合理安排工作，消除心理紧张因素，有效控制心理紧张的外部因素，使人保持最优的心理紧张程度对消除人的失误现象是十分重要的。

（6）导致人的失误的原因

造成人的失误的原因是多方面的，有人的自身因素对过度负荷的不适应原因，如超体能、精神状态、熟练程度、疲劳、疾病时的超负荷工作以及环境过度负荷、心理过度负荷、人际立场负荷等都能使人发生操作失误。人的失误也有与外界刺激要求不一致时出现要求与行为的偏差的原因，在这种情况下，可能出现信息处理故障和决策错误。人的能力直接影响活动效率，具有使活动顺利完成的个性心理特征。人的能力随其自身的硬件心理、软件状态的变化而改变。

（7）不安全行为的心理原因

个体经常、稳定表现出来的能力、性格、气质等心理特点的总和，称为个性心理特征。这是在人的先天条件基础上，受社会条件影响和具体实践活动，接受的教育与影响而逐渐形成、发展的。不同的人的个性心理特征，不会完全相同。人的性格是个性心理的核心，因此，性格能决定人对某种情况的态度和行为。鲁莽、草率、懒惰等性格，往往成为产生不安全行为的原因。非理智行为在引发事故的不安全行为中，所占比例相当大，在生产中出现的违章、违纪现象都是非理智行为的表现，冒险蛮干则表现得尤为突出。在安全管理过程中，控制非理智行为的任务是相当重要的，也是非常严肃、非常细致的一项工作。

2. 物的不安全状态和安全技术措施

人机系统把生产过程中发挥一定作用的机械、物料、生产对象以及其他生产要素统称为物。物都具有不同形式、性质的能量，有出现能量意外释放引发事故的可能性。物的能量可能释放引发事故的状态，称为物的不安全状态。这是从能量与人的伤害间的联系所给出的定义。如果从发生事故的角度，也可把物的不安全状态看成曾引起或可能引起事故的物的状态。在生产过程中，物的不安全状态极易出现。所有的物的不安全状态，都与人的不安全行为或人的操作、管理失误有关。往往在物的不安全状态背后，隐藏着人的不安全行为或人的失误。物的不安全状态既反映了物的自身特性，又反映了人的素质和个人的决策水平。物的不安全状态的运动轨迹与人的不安全行为的运动轨迹交叉，就是发生事故的时间与空间。所以，物的不安全状态是发生事故的直接原因。因此，正确判断物的具体不安全状态，控制其发展，对预防、消除事故有直接的现实意义。针对生产中物的不安全状态的形成与发展在进行施工设计、工艺安排、施工组织与具体操作时，采取有效的控制措施，把物的不安全状态消除在生产活动进行之前，或引发为事故之前是安全管理的重要任务之一。消除生产活动中物的不安全状态，既是生产活动所必需的，又是预防为主方针落实的需要。同时，也体现了生产组织者的素质状况和工作才能。

（1）能量意外释放与控制方法

生产活动中没有间断过对能量的利用，在利用中，人们给能量以种种约束与限制，使之按人的意志进行流动与转换，正常发挥能量用于做功。一旦能量失去人的控制，便会立即超越约束与限制，自行开辟新的流动渠道，出现能量的突然释放，于是发生事故的可能性就随着突然释放而变得完全可能。突然释放的能量，如果到达人体且超过人体的承受能力就会酿成伤害事故。从这个观点来看，事故是不正常或不希望的能量意外释放的最终结果。一切机械能、电能、热能、化学能、声能、光能、生物能和辐射能等，都能引发伤害事故。能量超过人的机体组织的抵抗能力，造成人体的各种伤害。人丧失了对能量的有效约束与控制，是能量意外释放的直接原因和根本原因。出现能量的意外释放，反映了人对能量控制的认识、意识、知识和技术的严重不足。同时，又反映了安全管理认识方法、原则等方面的差距。

（2）屏蔽

约束、限制能量意外释放，防止能量与人体接触的措施，统称为屏蔽。常采用的屏蔽形式有：安全能源代替不安全能源、限制能量、防止能量蓄积、物理屏蔽、时空隔离信息屏蔽等。

（3）能量意外释放伤害及预防措施

人意外进入能量正常流动与转换渠道会导致人受伤，有效的预防方法是采取物理屏蔽和信息屏蔽，阻止人进入流动渠道。能量意外逸出，在开辟新流动渠道到达人体时会致使人受伤。此类事故有突发性，事故发生的瞬间，人往往来不及采取措施即已受到伤害。预防的方法比较复杂，除加大流动渠道的安全性、从根本上防止能量外溢外，同时还应在能量正常流动与转换时，采取物理屏蔽、信息屏蔽、时空屏蔽等综合措施，以便能够减轻伤害的机会和严重程度。出现这类事故时，人的行为是否正确，往往决定人是否受伤害或是否能够生存。在有毒、有害物质渠道出现泄漏时，人的行为对人是否能够伤害与是否能够生存的关系，尤其明显。预防此类事故，应以完善能量控制系统最为重要，如增加自动报警、自动控制系统，这样既能够在出现能量释放时立即报警，又能进行自动疏放或封闭。同时在能量正常流动与转换时，应考虑非正常时的处理，及早采取时空与物理屏蔽措施。

第五节　施工项目的消防保安及卫生防疫

一般来讲，施工现场的工作条件和生活条件相对较差，为了工程项目的施工顺利进行，国家和个人财产得到保护、施工现场的管理人员和施工人员的卫生健康得到保障，施工单位应加强在施工现场的消防保安及卫生防疫方面的工作。

一、消防保安

在施工现场的消防保安工作有以下几方面的要求：

1. 施工单位应建立消防管理体系。

2. 施工单位应当严格按照《中华人民共和国消防法》的规定，在施工现场建立和执行防火的管理制度。

3. 施工现场必须有满足消防车出入和行驶的道路，并设置符合要求的防火报警系统和固定式灭火系统，消防设施应保持完好的备用状态。

4. 施工现场的通道、消防出入口、紧急疏散楼道等必须符合消防要求，设置明显标志或指示牌。有通行高度限制的地点应设限高标志。

5. 在容易发生火灾的地区施工或储存、使用易爆、易燃器材时，施工单位应当采取特殊的消防安全措施。现场严禁吸烟，必要时可设吸烟室。

6. 施工中需要进行爆破作业的，必须向项目所在地有关部门办理进行爆破的批准手续，由具备爆破资质的专业组织进行施工。

7. 施工现场应有动火的管理制度。

8. 施工现场必须设立门卫，根据需要设置警卫，负责施工现场保卫工作，采取必要的保卫措施。主要管理人员应在施工现场佩戴证明其身份的标志。有条件时可对进出场人员使用磁卡管理。

9. 建设单位或施工单位应当做好施工现场安全保卫工作，采取必要的防盗措施，在现场周边设立围护设施。施工现场在市区的，周围应当设置遮挡围栏，临街的脚手架也应当设置相应的围护设施。非施工人员不得擅自进入施工现场。

二、卫生防疫

为了保证施工现场人员的卫生健康、生活条件得到改善，对施工现场提出了以下要求：

1. 施工现场应将施工区与生活区、办公区分离。

2. 施工现场应准备必要的医务设施，包括紧急处理的医疗设施。在适当场所（如办公室）的显著位置张贴急救车和有关医院电话号码。

3. 职工的住宅等生活设施不仅要符合卫生防疫的要求，还要满足通风和照明等要求。职工的膳食、饮水供应也要符合国家的规定和标准的要求。

4. 根据需求要有防暑、降温、取暖、消毒及防毒等措施。

5. 施工现场的食堂、厕所均要符合卫生的要求。

6. 施工单位应明确施工保险及第三者责任险的投保人和投保范围。

结　语

对施工项目进行管理与组织是一项难度较大的工作，也是较为烦琐和复杂的工作，需要涉及施工项目管理的方方面面。例如，人员管理、设备管理、制度、资金等因素。对施工项目进行组织与管理的创新是提升建筑项目管理水平的有效措施。

对于现代建筑经济管理而言，工程造价管理能实现企业最大限度的经济效益，减少施工资源的浪费，促使企业可持续发展，同时，通过工程造价管理还能实现经济管理在项目工程上的全面性、综合性工作。因此，作为相关人员，需要充分认识到工程成本管理的重要性，进而采取有效的措施做好工程成本管理工作，更好地保障工程的经济效益，促进建筑行业的稳定发展。

项目施工准备工作是相互联系的，设置项目管理系统，有助于推动项目的有序发展，并能够保障工程的施工工期以及质量，从而使施工准备工作的质量得到切实的提升，项目施工组织为施工管理的重点构成，对项目施工的整个过程进行统筹，并促进技术的优化以及施工管理工作的科学开展。要将工程项目管理作为中心，从而使项目的开展质量得到进一步提升，给人们带来更好的建设工程产品。

总而言之，项目管理的创新与改革，需要施工企业不断地进步与发展，迎合市场的变化与需要，不断地更新企业管理的思想与理念，与时俱进，使用现代化的科学方法，不断地进行项目管理工作的创新与改革。因此，不断地对企业进行升级、创新、改革，才能保证项目管理工作的顺利进行，推动社会市场经济的可持续发展。

参考文献

[1] 孙恒，吕哲琦 . 基于 BIM 的项目全生命周期成本管理研究 [J]. 智能建筑与智慧城市 ,2021(10):37–38.

[2] 乔子霁 . 建筑工程管理中的全过程造价控制策略分析 [J]. 建筑与预算 ,2021(9):26–28.

[3] 王唐 . 建筑工程造价动态管理及有效控制措施分析 [J]. 建筑与预算 ,2021(9):29–31.

[4] 杨诗语 . 初探加强工程造价管理有效地控制工程造价 [J]. 建筑与预算 ,2021(9):35–37.

[5] 李福梅 . 建筑工程造价与成本控制管理探讨 [J]. 居舍 ,2021(27):125–126.

[6] 罗小东 . 新形势下建筑工程造价管理研究 [J]. 居舍 ,2021(27):147–148.

[7] 孙杰 . 建筑工程预算造价的编制要点与审核方法管窥 [J]. 居舍 ,2021(27):167–168.

[8] 韩进 . 总造价预决算在建筑工程施工中的控制和管理探析 [J]. 房地产世界 ,2021(18):35–37.

[9] 吴广惠 . 建筑结构设计阶段的工程造价控制措施 [J]. 房地产世界 ,2021(18):38–40.

[10] 龙天兵 . 建筑工程造价的全过程管控要点分析 [J]. 质量与市场 ,2021(18):31–33.

[11] 张丛林 . 建设项目工程造价优化及监管 [J]. 中国价格监管与反垄断 ,2021(9):62–63.

[12] 邹佳 . 建筑工程造价管理的问题及解决措施 [J]. 居业 ,2021(9):106–107.

[13] 赵霞，李爱超 . 探究建筑工程造价管理存在的问题及对策 [J]. 居业 ,2021(9):110–111.

[14] 连敏杰 . 加强建筑工程造价成本管理的优化策略 [J]. 居业 ,2021(9):163–164.

[15] 石苗苗 . 工程预算在建筑工程造价控制中的价值探讨 [J]. 绿色环保建材 ,2021(9):157–158.

[16] 曾发翠 . 精细化管理在建筑工程管理中的应用研究 [J]. 居舍 ,2021(26):127–128.

[17] 涂世毅，李金鑫 . 建筑工程管理中全过程造价控制的重要意义探讨 [J]. 居舍 ,2021(26):141–142.

[18] 赵新华 . 建筑工程管理中的全过程造价控制探析 [J]. 居舍 ,2021(26):161–162.

[19] 张立旋，闫磊 . 建筑工程造价管理的研究 [J]. 居舍 ,2021(26):163–164.

[20] 王记峰 . 全过程工程造价在现代建筑经济控制中的重要性研究 [J]. 居舍 ,2021(26):171–172.

[21] 何庆 . 建筑工程项目全过程咨询组织管理优化研究 [J]. 住宅与房地产 ,2021(5):160–161.

[22] 章树茂 . 建筑工程项目管理组织结构设计分析 [J]. 住宅与房地产 ,2020(35):82–83.

[23] 田志芳 .BIM 技术在建筑工程施工组织与管理中的应用研究 [J]. 工程技术研究 ,2020,5(20):147-149.

[24] 凌峰 . 建筑工程施工项目成本管理研究 [J]. 建材与装饰 ,2020(16):103+105.

[25] 叶小剑 . 建筑工程项目管理组织结构的设计分析 [J]. 河南建材 ,2020(3):80-81.

[26] 张小明 . 分析建筑工程项目管理组织模式 [J]. 建材与装饰 ,2020(7):232-233.

[27] 倪俊 . 群体房建工程项目监理工作组织与管理探究 [J]. 住宅与房地产 ,2019(34):209.

[28] 沈晓平 . 建筑工程项目施工现场管理及组织协调措施分析 [J]. 居舍 ,2019(20):133.

[29] 丁宇明 . 建筑工程项目管理组织结构的设计 [J]. 建材与装饰 ,2018(52):72-73.

[30] 钟建 . 建筑工程项目管理组织结构设计 [J]. 现代物业 (中旬刊),2018(12):121.

[31] 冷刚 . 工程项目全寿命期过程集成管理的思考 [J]. 现代商业 ,2018(21):99-100.

[32] 杨勇涛 . 建筑工程项目施工现场管理及组织协调措施分析 [J]. 四川建筑 ,2018,38(3):303-304.

[33] 高杰 . 谈建筑工程项目绿色施工组织管理 [J]. 山西建筑 ,2017,43(23):254-255.

[34] 孔祥亮 . 建筑工程项目绿色施工管理研究 [J]. 绿色环保建材 ,2016(9):100.

[35] 建筑技术杂志社发行部 . 建筑工程施工组织设计实例应用手册 [J]. 建筑工人 ,2016,37(6):50.

[36] 李艳荣 . 建筑工程项目管理组织结构的设计 [J]. 建筑技术 ,2016,47(6):565-567.

[37] 潘广川 , 宋伟 . 基于建筑信息模型的工程项目全寿命周期管理的组织构建 [J]. 中国管理信息化 ,2016,19(9):156-158.

[38] 赵勇 . 商务型工程公司如何加强海外工程项目执行管理 [J]. 工程建设与设计 ,2016(1):167-172.

[39] 朱玲 . 浅谈建筑工程施工管理项目组织与进度控制 [J]. 建材与装饰 ,2015(47):144-146.

[40] 刘栋军 . 建筑工程施工组织管理存在问题及对策 [J]. 江西建材 ,2015(7):281-282.